和孩子一起种菜：DIY自己的迷你菜园

主 编 解书香

编 委 张 蕊 李兰蕊 张纪合
张 玉 程 杰 刘茜茜
张 为

天津出版传媒集团

天津科技翻译出版有限公司

图书在版编目（CIP）数据

和孩子一起种菜：DIY自己的迷你菜园 /解书香主编. —天津：天津科技翻译出版有限公司, 2014.1

ISBN 978-7-5433-3327-7

Ⅰ. ①和… Ⅱ. ②解… Ⅲ. ①蔬菜园艺 ②家庭教育 Ⅳ. ①S63 ②G78

中国版本图书馆CIP数据核字（2013）第302351号

和孩子一起种菜——DIY自己的迷你菜园

出　　版：天津科技翻译出版有限公司
出 版 人：刘庆
地　　址：天津市南开区白堤路244号
邮政编码：300192
电　　话：（022）87894896
传　　真：（022）87895650
网　　址：www.tsttpc.com
印　　刷：唐山天意印刷有限公司
发　　行：全国新华书店
版本记录：889×1194　24开本　5印张　150千字
　　　　　2014年1月第1版　2014年1月第1次印刷
定　　价：29.80元

前 言

你相信吗，有了泥巴、种子和水，你家也能变成孩子的游乐场。从等待种子萌芽到花朵绽放、果实累累，再到秋天的落叶飘零，一棵鲜活的蔬菜带给孩子的乐趣远比玩具更多，还能让孩子亲近自然，体验农耕，培养责任感和细致的观察能力。偶尔有蝴蝶、蚂蚁或者七星瓢虫前来拜访，也不失为生活中的小小惊喜！各位父母们，现在就动手吧，和孩子一起探索蔬菜王国的秘密，DIY 充满乐趣、知识和惊奇的迷你菜园！

目 录 CONTENTS

CONTENTS

chapter 1 新手补习班

chapter 2 初级班——让孩子自己播种吧

hapter 3

中级班——和家人一起劳动

hapter 4

高级班——无敌的诱惑

hapter 5

鲜花来我家

Chapter 1

新手补习班

NO. 1

拿起铲子挖泥巴

亲近泥巴似乎是儿童的天性，手心里握着的一团泥土的乐趣，远远超过我们花大价钱买来的玩具。“70 后”、“80 后”的父母大多有玩泥巴的经历，在玩具稀少的年代，就地取材的泥土陪伴了许多人的童年。现在，就让我们通过和孩子们一起种菜，带领他们认识各种适宜栽种的土壤，同时满足一下我们未泯的小小童心吧！

花生发芽以后的样子是不是很萌呢

和好朋友一起享受栽培的乐趣

水培绿豆长成了窗台的小盆景

水培大蒜简单易活又能很快满足孩子成就感

腐叶土

密林下有厚厚一层夹杂树叶的土层，蓬松柔软，这种夹杂着腐烂树叶的壤土，是最好的腐叶土。趁着周末带孩子去森林公园玩，便可以收集到大树下肥沃的腐叶土。在自然环境中采集的土壤，使用前要经过阳光曝晒，以杀灭其中的寄生虫卵。

泥炭土

也称草炭土，是古苔藓植物及水生植物常年埋藏地下形成的颜色发黑的、酸性的有机壤土。我们在花卉市场可以买到大袋的泥炭土。

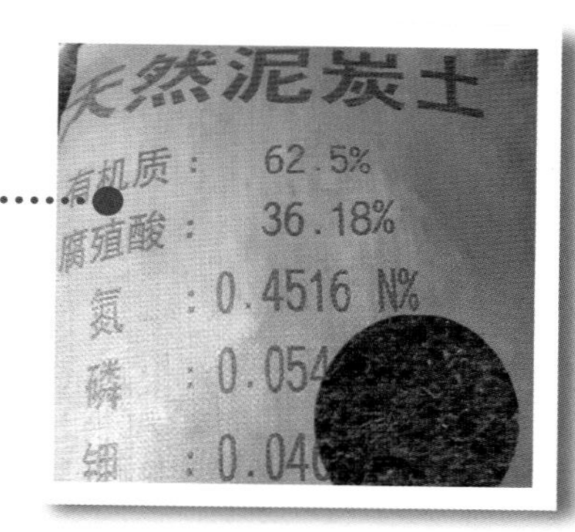

园土

菜园、果园、苗圃中的土壤。因为经常耕作施肥，是优良的蔬菜种植土壤。

素沙土

就是纯沙子，也叫河沙土，大多来自河滩处，比如建筑用的沙子。这种沙子质地纯净，沙子细腻，黏性小，排水性能好，但不含其他肥力。主要用于植株的扦插，是配制培养土的主要材料之一。

蛭石育苗

混合基质育苗

一般家庭盆栽植物的培养土比例

腐叶土 4.5 份、园土 2.5 份、河沙土 2.5 份、其他 0.5 份。按这种比例配制出的培养土，相对来说，质地疏松，透水性能好，养分多。

田园土是很好的蔬菜栽培土壤

园土

袋装花卉土

小贴士

和孩子一起种菜使用的土壤，首先要清洁，不含致病微生物和寄生性虫卵（如蛔虫卵），因此在使用前做好土壤的曝晒尤为重要。

1. **日光消毒法**：把配制好的培养土放在清洁的水泥地面或木板上薄薄摊开，晒三天。这种方法最好在夏季进行，如不能，可延长曝晒的天数。
2. **加热消毒法**：蒸煮，或高压加热，或蒸汽加热，持续 30 ~ 60 分钟可以达到消毒目的。家庭盆栽没有加热设备的，可放入旧铁锅在火上翻炒约 20 分钟。

NO. 2

如何给蔬菜喝水

蔬菜生长离不开水，保证充足的饮水，蔬菜才会快快长高。浇水的首要原则是根据蔬菜的生长需要，适量浇水。父母要告诉孩子，蔬菜也有喝“饱”的时候，不能因为觉得好玩而给它们频繁浇水。

1 普通浇水法

自上向下浇水。缺点是容易使下层的盆土长期干燥，导致土壤板结，不利于根系发育。用此浇水法，要确保多余的水能够从盘底的排水孔溢出。

玩具喷水壶

2 盆底吸水法

将花盆放在另一较大的盛有清水的容器中，使水由盆底渗湿盆土表面。优点是吸水面大，防止土壤板结，促进根部发育。缺点是盆土中的盐分会上升，积累在盆表和盆缘，造成难看的盐斑。

>> 以上两种基本浇水法，宜交替使用 <<

小贴士

和孩子一起制作一只迷你喷水壶吧！

在我们的家里有许多孩子弃之不用的物品可以用来改造成喷水壶，例如婴儿的奶瓶，将奶嘴剪大一些，就是一个简易喷壶了。奶瓶上面的刻度，可以用来监控稀释液体肥料，很方便哦！孩子的玩具喷水壶也是不错的浇菜工具，大小刚好适合孩子的小手，教给孩子用莲蓬头的喷嘴轻轻给蔬菜洒水，还能带来更多的乐趣。

充满童趣的水壶

矿泉水瓶扎洞

简易矿泉水瓶喷水壶

3 家中无人浇水法

吸水法

将毛巾或宽布条的一端浸在水盆中，将水盆放置在稍低于花盆的旁边，再将毛巾的另一端压在盆底下，毛巾的毛细管作用使水分徐徐上升浸润到盆底排水孔等处，渗入盆内使盆土滋润。

滴灌法

安装一个打吊针一样的滴管装置，让瓶装的水从滴管内慢慢滴入盆栽的根部，再浸润到土中被根系吸收利用。

坐水法

选一个大而浅的瓷盘，在盘中装入一层湿沙土，再将盆栽坐在湿沙土上面。水分通过沙土的毛细管作用不断地供给花卉生长需要。此法只适用于需水量较大的植物。

套盆法

将小型的花盆，放入大的花盆中，在两盆壁间放入湿沙土，让沙中含的水分通过小花盆的盆壁渗入花盆内，以补充水分的不足。

NO. 3

施肥帮蔬菜补充营养

新型的盆栽植物肥料

随着盆栽植物越来越多地进入室内，市场上出现了新型的盆栽植物专用肥料。它最大的优点是克服使用有机肥料所产生的臭气，给室内种菜爱好者带来极大的便利。

颗粒肥料

1. 片状肥料：

包括全元素片肥、促花片肥、促叶片肥。

- 全元素片肥：含有按适当比例混合的各种营养元素，除氮、磷、钾外还有微量元素，适合于一般盆栽植物生长和发育的需要。
- 促花片肥：以磷、钾为主，可以促进花蕾形成，抑制徒长，适于瓜果类蔬菜需要。但不能与促叶片肥同时使用。
- 促叶片肥：以氮为主，适用于幼苗期间的植物成长和叶菜类植物需要。

2. 腐殖酸类肥料：

以含腐殖酸较多的草炭等为基质，加入适当比例的各种营养元素制成的有机、无机混合肥料。其特点是肥效缓慢，性质柔和，呈弱酸性，适用于多种盆栽植物需要，尤其对喜酸性的植物更为适宜。

液体肥

各种小包装的肥料

施肥“三忌”

1. 忌花期施肥

植物正在花期。施氮肥会刺激植物生长，花器官得到的养料减少，花朵发育受到抑制，开花期推后，花朵早凋，花期缩短。

2. 忌雨天和晚上施肥

每当早春和晚秋的阴雨天，气温降低，每到晚上，气温也降低，叶片蒸腾与根系吸收力降低，如果这时候施肥，肥料利用率低，大多积存到土壤里，容易伤根。

3. 忌高温施肥

高温施肥，容易引起植株体内生理代谢失调，造成枝叶萎蔫、花朵凋谢。

NO. 4

一起动手，制作可爱的容器

杯盘瓶罐齐上阵——“so happy”！

好奇心是人类的宝贵财富，对于儿童尤为重要。大多数成才成家的人，我们都可以从少年时期的好奇心和求知欲的萌芽中看到他们成功的端倪。每个孩子都渴望接近、体验新鲜事物，并从中获得知识。假如我们不给孩子玩弄沙土，他就不会知道沙土的性质；假如不让孩子多与同伴游戏，他哪里能够学得做人，与人交往的道理。

向高处拓展种植空间

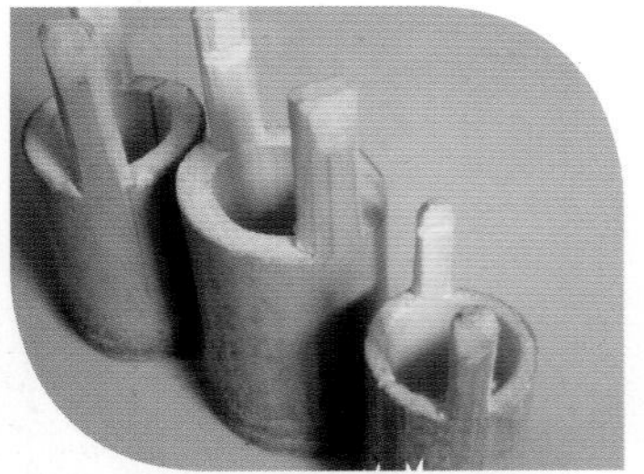
● 竹筒也可以用来种植小盆栽

● 可爱的草莓车

● 孩子自己找到的小瓷盆

● 果篮种植容器

在和孩子一起种菜的过程中，家长也要学会利用孩子的好奇心，和孩子一起动手实践，制作可爱的种植容器。

留心观察一下

留心观察一下，家里可以利用的种植容器有很多，挑选的标准是不会对孩子造成伤害，安全清洁。例如，设计精美的生日蛋糕盒子、泡沫箱、水果筐、水果篮等，稍加改造就能变身为蔬菜盆。废弃的可乐瓶、饮料瓶，使用前要进行裁剪和打孔，家长如果请孩子操作，务必要注意安全。

水桶也能派上用场

木质种植盆充满了田园气息

小手学涂鸦——陶土花盆变画板

陶土花盆透气性好，是非常棒的种菜容器，但是陶土花盆往往颜色单一，灰头土脸的形象不太适合温馨的家居氛围。能不能借助家长和孩子的巧手给它们来个时尚大变身呢？当然！借助一只画笔，DIY 半个下午就可以让这些花盆穿上新衣服。根据不同的植物可以 DIY 很多种色彩和图案，或者只是随意描上几笔，不经意间也许会诞生出一件难得的艺术品呢！

盆栽蔬菜“大军”

观赏辣椒亦景亦菜，一举两得

NO. 5

安全的园艺工具

孩子的洒水壶

栽培蔬菜需要使用的工具主要有铲子、耙子、剪刀、手套等。首先，需要给孩子准备一双保护手套，在做一些粗糙工作，如铲土、修剪、换盆时给孩子的小手更多的保护。如果买不到孩子专用的园艺手套，也可以用平时戴的小手套代替。

耙子

用来给蔬菜松土，或是作为条播划线的辅助工具。除了市场上销售的铁质园艺三件套，还可以利用孩子的沙滩玩具，那些造型可爱的塑料铲子一样可以完成这些工作。

园艺剪刀

多用于修剪比较硬的枝丫。6岁以内的小朋友不建议使用。软叶蔬菜可以让孩子用儿童安全剪刀尝试采收和修剪。

铲子

主要用来移栽、挖土、施肥等。

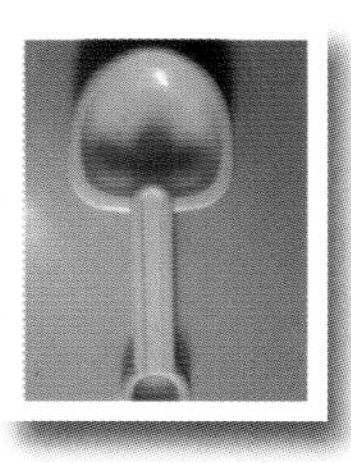

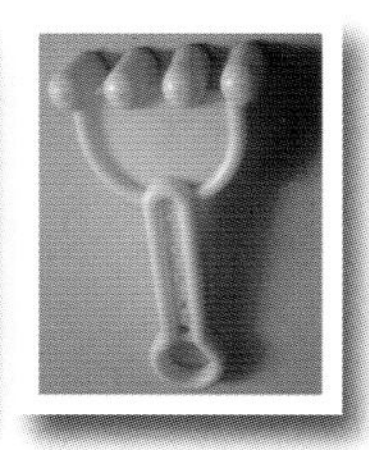

挖土的工具

小耙子不能有锐利的尖端

NO. 6 NO.

小手巧装扮，蔬菜盆栽大变样

蔬菜盆栽巧化妆
——宝宝旧衣物再利用

旧物利用是一种生活态度，尤其是宝宝的柔软衣物，每件都带着孩子特有的馨香，相信每位妈妈都不舍得丢弃。开动脑筋，将这些旧衣物好好利用一番，用来装饰家中的小菜园，开心好玩又能带给我们温暖的回忆，何乐而不为呢？

各种奇思妙想可以点亮生活，它给我们枯燥的城市生活增添了很多乐趣和希望。热爱手工制作也算一种美德。和孩子一起行动起来，看看美好手工带给你的美丽吧。非创意，不生活，希望每位种菜达人都能发挥你的想象，创造美丽生活。

大自然的馈赠
——和孩子一起采集装饰品

四季更迭，大自然会带来许多美丽和奇特的珍宝，在野外随手捡拾的树枝、小石头、松果、叶片等，都可以拿来粘在花盆上，排列组合出自己喜欢的图案，与盆栽蔬菜相得益彰，充满野趣和大自然的气息。

NO. 7

菜园里的战争

螳螂是厉害的捕虫能手，蚜虫和菜青虫都怕它

蔬菜上常见的病虫害

小菜蛾、甜菜夜蛾、斜纹夜蛾、豆荚螟、斑潜蝇、白粉虱、蓟马、跳甲、瓜绢螟、地下害虫、霜霉病、白粉病、灰霉病、疫病、炭疽病、 根结线虫病、细菌性病害、病毒病等。

下面会介绍一些病虫害的

>> 防治方法 <<

考虑到小朋友的安全，我们不推荐使用农药。尽管农药快速、效果显著，但是农药在杀死害虫的同时，也会威胁到环境安全和我们自己的身体健康。菜园里的战争也可以变得更温和一些，不必“硝烟弥漫”。选用一些更安全的方法，如喷洒辣椒水、大蒜水、草木灰等，会是更好的选择。

推荐一部充满幽默和诗情画意的记录片，家长可以和孩子一起看一下，名字叫作《菜园里的战争与和平》。该片以人类的一个普通菜园为场景，讲述了在菜园里生活的各种生物之间的相互关系，勾画出菜园里形形色色的小动物的各种奇遇，以及它们与蔬菜和人类之间微妙的关系。本片的言外之意为：人类应该禁止使用各种化学杀虫剂，这样不仅能享受绿色的食品，而且能避免环境污染。实际上，成千上万种生物都在时时刻刻保护人类的作物。它们中的一部分能够促进作物的繁殖，有些则对付作物的天敌，比如螳螂、七星瓢虫。而人类需要做的，仅仅是维持菜园里的战争与和平的现状。

对付害虫的黏虫板

主要病害及防治方法

名称	症状	防治方法
霜霉病	真菌病害，主要危害黄瓜、丝瓜、菠菜、莴苣、莴笋、茼蒿、白菜、甘蓝、萝卜等作物。该病主要侵害功能叶片，对嫩叶和老叶危害较少，对于一株黄瓜，侵入方式是逐渐向上扩展。染病后，叶缘或叶背出现水渍状病斑，早晨尤为明显。病斑逐渐扩大，受叶脉限制，呈多角形淡褐色或黄褐色斑块，湿度大时叶背或叶面长出灰黑色霉层，后期病斑破裂或连片，至叶缘卷缩干枯，严重的田块一片枯黄，但病部不易穿孔，不腐烂。病菌喜高温高湿环境，适宜发病温度为 10℃～30℃，最适温度为日均 15℃～22℃，相对湿度 90%～100%。	选用抗病品种，加强栽培管理，尤其要注意栽植密度。夏季要保证蔬菜通风透光。发现带病植株及时清理。
白粉病	真菌病害，主要危害黄瓜、南瓜、苦瓜、番茄、茄子、蚕豆、豌豆、白菜、莴苣、莴笋等蔬菜作物，或月季，以及草莓、葡萄等果类。叶片发病重，茎叶发病轻，果实受害少。发病初期，叶面或叶背及茎上产生白色近圆形星状小粉斑，以叶面居多，后向四周扩展成边缘不明显的连片白粉，严重时整株布满白粉。发病后期，白色霉斑因菌丝老熟变为灰色，病叶枯黄，有时病斑上长出成堆的黄褐色小粒点，后变黑。雨后干燥，或少雨但田间湿度大，白粉病易流行，尤其当高温干燥与高温高湿交替出现时，容易流行。	及时剪除带病枝叶。盆栽蔬菜的摆放密度不要过大。注意通风透光。不要偏施氮肥。
灰霉病	真菌病害，主要危害番茄、茄子、黄瓜、菜豆、西葫芦、莴苣、辣椒、白菜、甘蓝等多种蔬菜。苗期、成株期均可染病，侵害叶、茎、花、果。主要危害花和果实。病菌多从开败的雌花侵入，至花瓣腐烂，并长出淡灰褐色的霉层，进而向幼瓜扩展，至脐部呈水渍状，幼花变软、萎缩、腐烂，表面密生霉层，较大的瓜组织先变黄并生灰霉，后霉层变灰、腐烂、脱落，叶片一般由烂花引起，形成直径 20～50mm 的大病斑，近圆形或“V”字形，有深浅相间的灰褐色轮纹，边缘明显，表面着生少量灰霉。烂花或烂果附在茎上，可引起茎腐烂，至植株枯死。病菌喜温暖高湿环境，适宜发病温度为 2℃～31℃，最适温度为 20℃～28℃，相对湿度在 90% 以上。连阴天多，持续的 90% 的高湿条件，结露时间长，气温不高，通风不好，则发病较重。	注意通风透光。盆栽蔬菜摆放不能过密。夏季雨后要及时排水。
疫病	真菌病害，发生在不同作物上有差异。发生较为普遍的为晚疫病。主要危害番茄、茄子、辣椒、黄瓜、西瓜、马铃薯等作物。成株发病，主要在茎基部或嫩茎节部，出现暗绿色水渍状斑，后变软，显著萎缩，病部以上叶片萎蔫或全株枯死。果实染病，初始产生暗绿色水渍状斑，扩展后软腐变褐色，高湿时产生白色霉层，空气干燥后成僵果。病菌喜高温高湿环境，发病温度范围 11℃～37℃，最适温度为 25℃～32℃，相对湿度 85% 以上，最适宜感病生育期在开花前后到坐果期，在结果初期，大雨后暴晴，最易发病。持续高温干旱抑制其发生。	选择排水良好的种植土壤，栽植不能过密，发现病株及时移除。浇水不宜过多。盆栽土壤每年更换一次新土。

续 表

炭疽病	真菌病害，主要危害黄瓜、西瓜、丝瓜、番茄、茄子、辣椒、菠菜、大葱、白菜、甘蓝、萝卜等多种作物。叶片染病，初期产生灰白色水渍状小点，扩大后病斑成近圆形或不规则形，淡褐色，边缘深褐色，发生严重时病斑连续成片，形成不规则大病斑，叶片干枯，潮湿时叶面生出粉红色黏稠物。叶柄染病，产生黄褐色长条形病斑，稍凹陷。果实染病，处呈水渍状，扩大后为黄褐色椭圆形病斑，稍凹陷，病部长出小黑点，高温高湿时病部生粉红色黏稠物，病部后期开裂。病菌喜温暖高湿环境，发病温度范围10℃～30℃，最适温度为22℃～27℃，相对湿度95%以上，最适宜感病生育期在开花坐果期到采收中后期，低温多雨条件下易发生，气温超过30℃，相对湿度低于60%，抑制其发生。	选用抗病品种，剪除带病植株并移出种植区。保持通风透光。
细菌性病害	细菌引起，主要危害黄瓜、西瓜、番茄、辣椒、白菜、甘蓝、豆角、水稻、桃树等多种作物。植物细菌性病害是一类比较难防治的病害，常见症状为腐烂（如大白菜软腐病）、萎缩（如番茄青枯病）、畸形（如苹果根癌病），有时在植物表面附着菌体与寄主体液的混合物“菌脓”（如水稻白叶枯病、细菌性条斑病）。	严格挑选种子和种苗。生长期发现病叶及时剪掉。
根结线虫病	为害范围很广，几乎除大蒜、韭菜、辣椒、大葱不危害外，其他瓜类、茄果类、豆类、叶菜类等蔬菜均有危害，主要发生在根部、侧根或须根上。须根或侧根染病后产生瘤状大小不等的虫瘿，剖开虫瘿可见一至数个乳白色半透明成虫。地上部表现因发病轻重程度不同而异，轻病株病状不明显，重病株发育不良，叶片中午萎蔫或逐渐黄枯、植株矮小、结果少，严重时全盆蔬菜枯死。	发现病株及时挖出销毁，菜园土壤可在夏天翻晒几次，可以杀死大部分线虫。盆栽土壤要经过消毒或者使用新土。
病毒病	变色（花叶、斑驳和碎色等），黄化或褪绿（全株或部分叶片变黄或呈浅绿色），斑点或条纹（坏死斑点、坏死条纹、坏死环、顶尖坏死或褪绿斑、褪绿条纹），畸形（丛枝、线叶、卷叶、皱缩、矮化等）病毒是专性寄生物。常与蔬菜活体共存亡，它只能在活的植物体内过寄生生活，并复制自己。不能吸收利用死的物质，寄主植物死亡、分解，病毒也会随之钝化或死亡。	培育壮苗，防治住刺吸类害虫，如蚜虫等。促进植株生长发育，施肥灌溉要及时，管理得当。

Chapter 2

初级班——让孩子自己播种吧

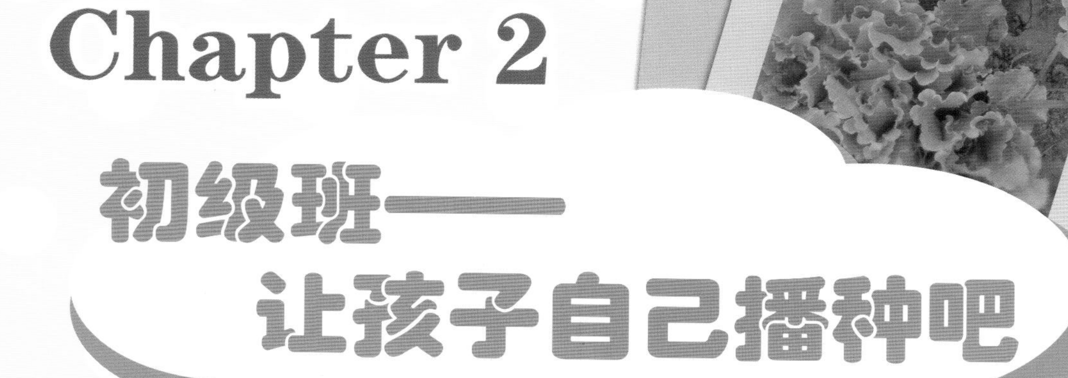

生菜

美丽的小舞裙

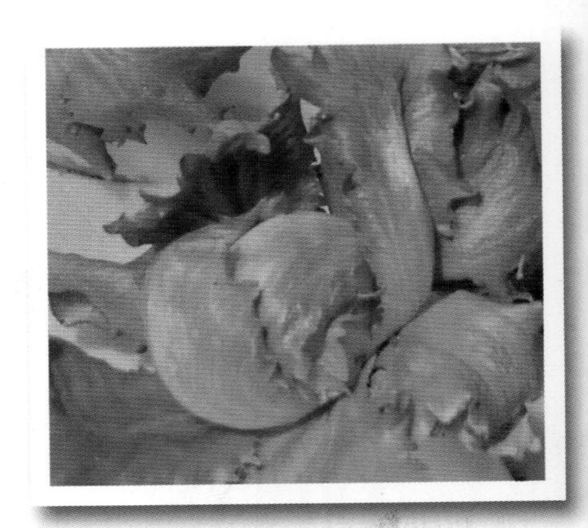

你要这样呵护我

种植月历

月	1	2	3	4	5	6	7	8	9	10	11	12
北方		—	—	—				—	—	—		
南方	—	—	—					—	—	—	—	—

播种育苗

Step 1

生菜的种子很细小，可以直播，也可以育苗移栽。育苗选择疏松透气、富含有机质的沙壤土为宜。播种前需浇透水，静候15~20分钟，等水分渗透。

Step 2

将种子均匀撒在培养土表层，再覆盖0.5厘米薄的一层培养土，切忌不要太厚。

Step 3

保持土壤湿润，待种子发芽长出1~2片真叶时，可以定植在露地或者花盆、泡沫箱等栽培容器中。土壤深度以20厘米为宜。

土壤

根系浅，吸收能力弱，喜欢保水、透气、疏松肥沃的沙壤土。生长期间要及时中耕松土，保持土壤的通透性。

光照

中等强度光照、长日照条件最适宜生菜生长。

水分

喜欢湿润，但是不耐积水。夏季要注意防范雨淋和水涝。

温度

喜欢温凉湿润的气候，生长适温为12℃ ~20℃。高温会导致提早抽薹开花，影响食用的口感。

肥料

喜氮肥，播种前需施足有机肥，一般就能满足生长需要。如果采收过程中发现叶面变黄、生长缓慢，可每隔10天左右追加一次液态有机肥料。

特殊照护

喜欢春秋季节的温凉天气，夏季高温会导致抽薹开花、叶质变老，结球品种甚至无法形成叶球。因此，家庭种植要避选夏季高温季节。

散叶生菜

带包衣的生菜种子

生菜的小宝贝

生菜长到 8 片叶子以后就可以采收了，家庭菜园不用一次性拔掉，可以从最外层叶片开始，逐步采摘，留下的继续生长，这样我们就可以享用很久现采的生菜沙拉了。

如果不采收，等待它们抽薹开花、种子成熟以后收集起来，来年就可以继续播种了。知道吗，生菜具有相当强大的繁殖能力，一棵生菜结的种子就足够来年播种了，但是保险起见，还是建议大家留下两棵做种。

生菜的宝宝

向你展示我的才艺

生菜原产欧洲地中海沿岸，由野生种驯化而来。古希腊人、罗马人最早食用。朝鲜族是东亚最早将生菜大量应用在饮食中的民族。其中最多为人所知的，就是在韩式烤肉中，用生菜包着蘸好酱料的烤肉一起食用，不仅可以缓解油腻，还能添加新鲜、清凉而甘甜的口感，补充维生素。这种吃法最早在高丽时代后期便已经流行起来了。

间苗的生菜可以移栽用

植物生活家

生菜按叶的生长状态区分，有散叶生菜、结球生菜两种。我们常吃的蚝油生菜一般采用结球生菜来做，清爽可口。

生菜穴盘育苗

条播生菜

豆角

向上，向上，勇敢的攀爬者

你要这样呵护我

种植月历

月	1	2	3	4	5	6	7	8	9	10	11	12
全国			—	—	—	—	—	—				

生长温度 18℃ ~25℃，适宜春、秋种植。

播种育苗

Step 1 催芽方法：播种前先将种子泡水一天，使外皮软化，促进发芽。

Step 2 盆栽要选择深 40~60 厘米，宽度不少于 30 厘米的菜盆。刨出适当的浅坑，每坑放 2~3 个种子，以防个别种子不发芽。每坑距离 5~6 厘米。

Step 3 点播完毕，覆土，适当浇水。不要过度浇水，以免种子腐烂。移至阴凉处 4~6 天发芽，待发芽后保留健壮的幼苗。

Step 4 长到 3~4 片叶时，将盆移至通风、有光照地方，或将苗移栽到露地。此时需要准备支架，一般以竹竿为宜。

土 壤

对土壤适应性强，有机质含量高的沙质土壤更适宜生长。

光 照

有一定的耐阴性,但有充足的光照,更利于开花。

水 分

豆角属于浅根性植物，要适当地浇水，不要漫灌，以免根部腐烂。

温 度

幼苗生长适宜温度为 18℃ ~25℃，开花期的温度为 20℃ ~25℃。

肥 料

应在定植前施足基肥，开花结荚时，需求养分更大，要多施氮、磷、钾复合肥。一般每隔 10 天追肥一次，保证采收期延长。

特殊照护

豆角的蔓性品种需要搭架，在植株长出 6~8 片叶子、看到有小蔓长出时，要架设支架，避免相互缠绕，支架间留出距离，人为引蔓上架。矮生的菜豆则不需要搭架，由于生长发育比蔓生的早，要及时追肥。有时候会发现菜豆叶子卷曲，要翻看叶子背后是否有蚜虫，如果有，要及时用手清除，也可以用毛笔蘸辣椒水或烟草水清除。

豆角的幼苗

豆角的小宝贝

豆角一般自开花后 10 天为适宜采收期，见到有豆荚、隐约可见种子粒时是最佳采收期。如果喜爱鼓豆，则可待 2~3 天再采收。留种的话则需要等到豆荚干黄，剪下留豆即可。

向你展示我的才艺

豆类蔬菜有丰富的营养，富含蛋白质及多种维生素。很多营养专家建议，用豆类代替肉类，可以解决很多人营养过剩的问题。四季豆一定要炒熟才能吃，否则会引起胀肚或者中毒。可以炖、炒、干煸或汆烫后凉拌来食用。小孩子如果消化不良，不宜食用豆角。

植物生活家

烹调前应将豆筋择除，否则既影响口感，又不易消化。烹煮时间宜长不宜短，要保证扁豆熟透。

油菜

每周都能采摘

你要这样呵护我

种植月历

月	1	2	3	4	5	6	7	8	9	10	11	12
北方				—	—			—	—			
南方	—	—	—	—	—	—	—	—	—	—	—	—

播种育苗

Step 1

油菜生长期短，栽培容易，我们每位城市小菜农都应该尝试一下。播种油菜可用条播或撒播的方式育苗，新手播种如果掌握不好密度，可以将种子与河沙混合后再播种。

Step 2

土壤先浇透水，待水分充分渗透后再播种。撒播方式则需覆土 0.5 厘米，条播方式可用手指均匀划出深约 0.5 厘米的条沟，放入种子后覆土，覆土一薄层即可，不能太厚。小型盆器播后可以覆盖保鲜膜。

Step 3

保持土壤湿润，约 3~4 天即可发芽，一周后子叶伸展成心形。如果发现生长过密，要及时间苗。待长出 2 ~ 4 片真叶后可移栽定植，株距 5~10 厘米，这样才能满足每棵油菜对生长空间的需要。

土 壤

油菜对土壤要求不严格，但在种植前要施足有机肥，增加腐殖质含量。

光 照

光照不足会生长缓慢。适合低温但需要长时间的光照。

水 分

根系较浅，不耐旱，生长过程中要保持土壤湿润。期间注意排水，避免积水造成烂根。

温度

喜温凉的气候，炎热的夏季生长不佳，容易发生病虫害，所以春秋两季种植的油菜生长更好，口感更佳。

肥料

对氮钾肥要求较高，除足量底肥外，生长季节可以每周追肥一次。

特殊照护

油菜发芽率很高，新手播种往往会过分密植，造成幼苗拥挤不透风，此时一定要“狠心”间苗，否则生长空间不足，全部都不能长大，岂不更可惜。间下来的小苗当芽苗菜吃也不错。

露天种植的油菜
要小心菜青虫

油菜的小宝贝

油菜的采收时期不限，间下的幼苗也可以拿来食用。一般定植后 3 ~ 4 周就能见到收成，留得太老会影响口感。油菜自留种子也很容易，但因为是异花授粉，所以建议保留 3 ~ 4 棵，增加授粉结实率。

利用水果筐播种的油菜

向你展示我的才艺

油菜是十字花科的植物，含有多种维生素，是小朋友的理想蔬菜，和它同属于一个家族的还有白菜、菠菜、卷心菜等，因为它们开的花都是四瓣，十字形，所以被归为十字花科。十字花科的蔬菜容易被虫虫叮咬，生长季节经常有菜粉蝶光顾产卵，卵孵化成的菜青虫对菜叶啃食速度极快，常常一夜之间就把叶片咬成了“筛子状”。盆栽种植或者户外栽培的时候要留心观察，发现虫卵及时摘除，若有青虫出现，用镊子及时清理。

植物生活家

油菜的食用方法较多，可炒、烧、炝、扒，油菜心可做配料，如“香菇油菜”“扒菜心”等。食用油菜时要现做现切，并用旺火爆炒，这样既可保持鲜脆，又可使其营养成分不被破坏。

蜜蜂到访

大葱

快帮妈妈拔棵葱

你要这样呵护我

种植月历

月	1	2	3	4	5	6	7	8	9	10	11	12
全国			——	——					——	——		

播种育苗

Step 1

春季可以买市场上出售的成捆小葱，选择健壮的植株直接栽种，栽后及时浇水缓苗，极易成活。

Step 2

如用种子播种，需要选择新种子，因为葱种子如果放置两年以上，发芽率将会大大降低。将种子撒播于土面，覆土约 1 ~ 2 厘米，浇透水，温度合适时约 2 周发芽。

Step 3

小苗生长较为缓慢，发芽约 4 ~ 5 周后可移栽定植，每 8 ~ 10 株作为一丛种植并浇水，也可不移栽。

Step 4

栽种大葱的容器，需选择 30 厘米以上的大型盆，随着葱白生长需要及时培土，培土深度以葱叶分叉以下 3 ~ 5 厘米为宜。

✣ 土 壤

对土壤适应性较强，喜欢富含有机质、排水良好的黏质土壤。

✣ 光 照

对光照要求不严，夏季要遮阴避免曝晒，光照太强则口感不佳。

✣ 水 分

根系较浅，不甚耐旱，也不耐涝，须保持土壤湿润，适宜土壤湿度通常每周浇水 1 次。

喜凉爽而不耐热，生长适温18℃～23℃，28℃以上或12℃以下生长缓慢，夏季高温时容易休眠。

肥料

不耐浓肥，叶丛生长较弱时可喷施一次腐熟有机肥，不宜偏施氮肥。

特殊照护

适度培土可以让葱白变长，肉质变嫩，通常定植后一个月要进行第一次培土，之后结合追肥一起培土，整个生长期间约需培土3～4次。葱叶长到20厘米左右时就可以采收食用，用手将叶鞘以上的叶子摘下即可，中间较小的叶片可保留任其继续生长。

大葱的小宝贝

大葱如果留种，不要采收长骨朵的叶子，留待其成熟后开花、结籽。黑色的小粒长成后，进行采收，这时可以把葱管剪掉，放在通风干燥处保管，来年栽种。植株的根部会萌发侧芽，继续生长。

向你展示我的才艺

葱的栽培地遍布中国，最著名的是山东章丘，某些品种可以长到 2 米高，葱白长度 1 米左右，味甜质厚。当地有民谚说“大葱蘸酱，越吃越胖”。

植物生活家

葱在国人的生活中占有重要的地位，相传神农尝百草找出葱后，便将其作为日常膳食的调味品，各种菜肴必加香葱调和，故葱又有“和事草”的雅号。葱又谐音“聪”，广西合浦等地流行“食葱聪明”的饮食风俗，说的是每年农历六月十六日夜，家人入菜园取葱使小儿食，食后能“聪明”。

蒜苗

长得最快的菜

你要这样呵护我

种植月历

月	1	2	3	4	5	6	7	8	9	10	11	12
北方			—					—				
南方	—	—	—						—	—	—	—

生长温度 17℃ ~ 25℃，室内适宜条件下，四季皆可种植。

播种育苗

Step 1 居家常用的大蒜头掰开成一个个的蒜瓣就可以作为种子。

Step 2 盆栽要选择 30 ~ 40 厘米深度的菜盆，播前土壤充分浇水，选择沙质土壤，然后直接将蒜瓣比较宽的头部插入盆中，露出 2 厘米左右的尖部，每隔 2 ~ 3 厘米插一个，插满整盆。

Step 3 蒜苗大约 7 天左右就可以长出 10 厘米，如果在一个地方长出两个，就要拔掉一个。

土壤

适合有机质丰富、土壤疏松排水良好的沙质土壤。

光照

适宜弱光条件，无光时候长出的是蒜黄。

水分

蒜苗的根系小，对水分的需求较敏感，幼苗期水分不宜过多。叶片旺盛生长时需水较多，要及时补充水分。在露地种植，从播种到收获都要多次浇水，出苗前轻浇、勤浇，出苗后，加大浇水量。

温度

发芽期、幼苗期最适温度为 12℃ ~ 16℃，可耐 -7℃的低温。生长最适温度为 17℃ ~ 25℃。

肥料

除了整地前要施足基肥，生长期追加 2 ~ 3 次氮肥。

特殊照护

很多人栽培蒜苗时，蒜瓣播种了很久也不出芽，最后烂掉。可能原因是商家在蒜瓣上涂了抑芽剂。所以一般买回来的蒜头最好放一段时间，看看是否发芽。一般蒜头在 20℃以上很容易催芽。大蒜喜欢含氮多的肥料。收割蒜苗时，用剪刀在离地面 1 ~ 2 厘米处剪断，然后施肥浇水，还可以收获第二茬、第三茬，到第三茬时连根拔起。蒜苗一般鲜食。

蒜苗的小宝贝

蒜苗生长到一定时期，就会抽薹、结蒜，这就是我们常见的蒜头。有个描写蒜头的儿歌很形象：“兄弟七八个，围着柱子坐，兄弟一分手，衣服就扯破。”

向你展示我的才艺

蒜苗有辣味，是因为含有辣素，它具有杀菌的作用，所以烹炒时不要炒得过火，以免把辣素破坏。辣素具有预防流感、防止伤口感染、治疗感染性疾病和驱虫的功效。蒜苗还能保护肝脏，经常吃腌渍菜品的人多食蒜苗有好处。

植物生活家

小朋友一定很喜欢拿着小剪刀剪蒜苗，剪下的新鲜蒜苗，有股淡淡的蒜香味儿，再和妈妈一起搅几个鸡蛋，然后把蒜苗切成段混在鸡蛋里，用油炒一炒，一盘香喷喷的蒜苗炒鸡蛋就出炉了。快尝尝自己做的美味吧！

“大力水手”的最爱

你要这样呵护我

种植月历

月	1	2	3	4	5	6	7	8	9	10	11	12
春菠菜			—	—								
秋菠菜								—	—			

播种育苗

Step 1

通常采用撒播的形式。夏、秋播种于播前一周将种子用水浸泡 12 小时后，放在 4℃左右冰箱或冷藏柜中处理 24 小时，再在 20℃ ~ 25℃的条件下催芽，经 3 ~ 5 天出芽后播种。冬、春可播干籽或湿籽，每平方米播种 5 克。

Step 2

畦面浇足底水后播种，清整表土，使种子播入土。有条件的畦面再盖一层草木灰。

Step 3

经常保持土壤湿润，6 ~ 7 天可齐苗。夏、秋播播后注意遮阳；冬播保持阳台温度。

土 壤

菠菜对土壤要求不严格，略偏碱性土壤更佳。

光 照

是长日照植物，阳光充足适宜生长。

水 分

生长过程中需水较多，播后土壤保持湿润。3 ~ 4 片真叶时，适当控水。苗期浇水应在早晨或傍晚进行，小水勤浇。

温 度

菠菜属耐寒性蔬菜，气温超过 25℃即生长不良，品质较差，

肥 料

对氮肥需求较多，磷肥、钾肥次之。2 ~ 3 片真叶后，追施两次速效氮肥。每次施肥后要浇清水，以促生长。

特殊照护

菠菜分为许多品种，尖叶品种适合秋季播种，春播则容易抽薹开花、生长不良，因此家庭种植可以选用圆叶品种，较耐高温，适合四季种植。

菠菜的小宝贝

留种用菠菜抽薹期不宜多浇水，以免花薹细弱倒伏，降低种子产量。茎、叶大部分枯黄时，种子已告成熟，成熟后数日脱粒。

向你展示我的才艺

菠菜原产波斯，所以它有个别名叫做“波斯草”。2000 年前已有栽培。后传到北非，由摩尔人传到西欧的西班牙等国，公元 647 年传入唐朝。

菠菜有很多别名，其中有一个别名就是“红根菜”，就根据其根的颜色所取。还有个别名叫“鹦鹉菜”，更加形象，菠菜翠绿，根紫红，就像一个巧舌鹦鹉。

说到鹦鹉菜，还有一个有趣的传说呢。乾隆下江南时，微服私访，饥渴难耐，于是和随从在一户农家用饭。农家主妇从自家的菜园里挖了些菠菜，给皇上做了个菠菜熬豆腐。乾隆食后颇觉鲜美，极为赞赏，真是饿了吃什么都香，但也说明农家主妇的手艺的确不错。乾隆问其菜名，农妇说：“金镶白玉板，红嘴绿鹦哥。”乾隆大喜，封农妇为皇姑，从此菠菜就多了个别名，叫鹦鹉菜。

植物生活家

菠菜不能和含钙量高的食物一起吃。菠菜含有大量的草酸，与含钙量高的食物同食就会引起结石，还影响钙的吸收。如果一定要吃的话，需要把菠菜用开水焯一下。

辣椒

可爱的小灯笼

你要这样呵护我

种植月历

月	1	2	3	4	5	6	7	8	9	10	11	12
全国						—	—	—	—			

种子发芽温度 25℃ ~ 30℃，生长期不能低于 10℃。

播种育苗

Step 1

将留种的干辣椒剥开，取出内部的种子。将种子浸泡 2 ~ 3 小时，再将种子晾干，直接播种。

Step 2

先育苗。准备好盆器， 播种后覆盖一层薄土，等到幼苗长出 2 ~ 4 片真叶时，可以间苗，把长势不好的择掉。育苗需要 1 个月左右，建议初学者直接从农贸市场买回秧苗。

Step 3

苗高 10 ~ 12 厘米、真叶 6 ~ 7 片时开始移栽，每个苗间距 20 ~ 30 厘米，盆器的深度要高于 40 厘米。

土壤

对土壤的适应力强，宜选择富含有机质、排水保水良好的沙质土壤。

光照

喜光，如果日照不足，则幼苗长势弱，影响开花和结果。

水分

辣椒不耐旱也不耐涝，要等土壤干后再浇水，过度浇水会使根系生长不良，产生矮化苗和缩叶苗。

温度

适宜生长的温度为 21℃ ~ 30℃。

肥料

定植前，要使用全发酵的基肥，和土层混匀，开花后要使用含磷钾肥较高的有机肥料（如鸡粪）。

特殊照护

小苗若有倒伏，可以用筷子支撑。开花时，可以稍微摇动一下植株进行授粉，或者用毛笔蘸粉帮助授粉。辣椒喜欢日照，但室温超过 35℃会影响植株的生长，因此，居家盆栽要移至阴凉处。

辣椒的小宝贝

辣椒在花凋谢 20 ~ 25 天后可以采收，干辣椒在果实成熟后采收。保鲜时，将辣椒装入有气孔的塑料袋，放在阴凉处，可以贮存 1 个月。

向你展示我的才艺

辣椒中包含不辣的甜椒，甜椒的维生素 C 含量高，并含有硒元素，可以提高免疫力，预防感冒。

植物生活家

椒类的品种很多，有颜色鲜艳小朋友爱吃的彩椒，经常用作配菜，色泽靓丽，营养丰富，富含胡萝卜素。很多人也喜欢种朝天椒，那是一个很辣的品种，样子独特，品种丰富，有日本三樱椒、散生“子弹头”、贵州小椒等。

樱桃萝卜

美丽的减肥菜

你要这样呵护我

种植月历

月	1	2	3	4	5	6	7	8	9	10	11	12
北方			—	—				—	—			
南方	—	—	—							—	—	—

萝卜能耐寒，气温稳定在8℃以上时就可播种。

播种育苗

播种时，催芽播种或干籽直播均可。催芽时用25℃的水浸种1小时左右，在18℃～20℃条件下催芽，约1～2天种子即露白。播种时，先浇水，水量以湿透10厘米土层为准。待水渗下，然后撒播种子，一般播量为2.5克/平方米。撒后均匀覆盖细土1～1.5厘米。播种后夜间应覆盖保温，保障夜间最低温不低于7℃～8℃，白天控温在25℃左右。

土 壤

对土壤条件要求不严格。但以土层深厚、保水、排水良好、疏松透气的沙质壤土为宜。

光 照

对光照要求较严格。光照不足会影响光合产物的积累，肉质根膨大缓慢，品质变差。生长过程中在12小时以上日照条件下能进入开花期。

水 分

生长过程要求均匀的水分供应。在发芽期和幼苗期保证土壤湿度即可，小水勤浇；生长盛期要求土壤湿度60%～80%。

温 度

喜温和气候，不耐热。生长适宜的温度范围为5℃～25℃。种子发芽适温为20℃～25℃，生长适温为20℃左右，肉质根膨大期的适温略低于生长盛期，高于25℃呼吸消耗增多，植株生长衰弱，品质不良。6℃以下生长缓慢，容易未熟抽薹。

肥 料

喜钾肥。增施钾肥，配合氮、磷肥，可优质增产。

特殊照护

樱桃萝卜又被称为“30 日小萝卜”，一般播种后 30 ～ 40 天即可采收，过老肉质容易变糠。樱桃萝卜种子多为杂交，不建议自然留种。

樱桃萝卜的小宝贝

樱桃萝卜这种小型萝卜种子多从国外购进，因此每次栽种时，需要从种子商店买进。

向你展示我的才艺

樱桃萝卜根、缨均可食用。根最好生食或蘸甜面酱吃，还可烧、炒或腌渍酸（泡）菜，做中西餐配菜也是别具风味。吃多了油腻的食物，不妨吃上几个樱桃小萝卜，有不错的解油腻的效果哦！

吃萝卜的同时，可千万别随手扔掉萝卜缨，它的营养价值在很多方面高于根，维生素 C 含量比根高近两倍，矿物质元素中的钙、镁、铁、锌等含量高出根 3 ～ 10 倍。缨子的食用方法与根基本相同，可以切碎和肉末一同炒食，还可做汤食用。

植物生活家

樱桃萝卜虽然好吃有营养，但食用时还是要注意不宜与人参同食，还应错开食用水果的时间，因樱桃萝卜与水果同食易诱发和导致甲状腺肿大。

小白菜

好种好玩乐趣多

你要这样呵护我

种植月历

月	1	2	3	4	5	6	7	8	9	10	11	12
全国			——	——				——	——			

家庭菜园不建议夏季种植，极易发生病虫害。

播种育苗

Step 1

直播即可，一般采用条播或撒播。盆土浇透水，静置 1 ~ 2 小时，将种子撒播于土面，覆土 0.5 厘米，盖住种子即可。可以覆盖保鲜膜，或者发现覆土变干后，用细嘴喷壶喷洒雾状水来保湿。温度适宜的话 3 ~ 4 天发芽。

Step 2

幼苗期需保持土壤湿润，气温较高时早、晚各浇水 1 次。发芽 2 周后随浇水喷施 1 次稀薄的腐熟有机肥。

Step 3

植株长出两片真叶时就要及时间苗，可以根据生长情况多次间苗，采下的小苗可以食用，也可以移栽到其他种植容器。定植后浇透水，稍遮阴，成活后正常管理。最终定植以 15 ~ 20 厘米株距为宜。

Step 4

夏季病虫害较多，适当轮作可减少病虫害，例如可先在春、夏季种植瓜茄类、豆类、根菜类等蔬菜，然后种植小白菜，之后种植菜心及甘蓝类蔬菜。也可以用葱、蒜、芹菜、菠菜等混合播种套种。

✤ 土壤

喜欢有机质含量丰富、排水透气性好的沙质土壤。播种前要施足底肥，以腐熟有机肥为好。

✤ 光照

适宜在充足的光照条件下生长，荫蔽则生长缓慢。

✤ 水分

小白菜根系分布浅,吸收能力弱。

✤ 温度

18℃ ~ 28℃昼夜温差大、光照充足的冷凉天气生长最佳。

✤ 肥料

需氮肥较多。生长天数短，底肥充足可以不用追肥。如果发现生长缓慢，可以每隔8 ~ 10天追施一次尿素，同时要注意避免肥料浓度过高，以免造成“烧苗”。

特殊照护

盆栽小白菜叶子如果发现叶片变黄，首先要判断是否排水不畅,造成了烂根,另外要检查是否施肥过量,造成了肥烧。

小白菜的小宝贝

小白菜种子有专用的品种，到种子商店要特意选购小白菜的种子，这种种子长势快，青帮绿叶，叶冠较圆，无毛、鲜嫩、味美、抽薹迟，适宜家庭盆栽和庭院种植。

向你展示我的才艺

小白菜含钙量高，是防治维生素D缺乏的理想蔬菜。小儿缺钙、骨软、发秃，可用小白菜煮汤加盐或糖令其饮服，经常食用颇有益。小白菜是蔬菜中含矿物质和维生素最丰富的菜之一。小白菜含维生素B_1、维生素B_6、泛酸等，具有缓解精神紧张的功能。考试前多吃小白菜，有助于保持平静的心情。

植物生活家

小白菜中含有大量胡萝卜素，比豆类、番茄、瓜类都多，并且还有丰富的维生素C，进入人体后，可促进皮肤细胞代谢增强机体免疫力，小朋友食用，更有清除内热的功效。

姜

天然的内热源

你要这样呵护我

种植月历

月	1	2	3	4	5	6	7	8	9	10	11	12
全国				——	——							

在北方一般老姜发芽的 4 ~ 5 月开始种植，到 10 月开始采收。

播种育苗

Step 1 家里的老姜一般会在室内长出芽，发现后可以选出没有病害的做种姜。

Step 2 在花盆或室外的土中挖一个坑，把老姜放入土里，姜芽朝上。

Step 3 盖上土。如果一个老姜上出芽很多，可以掰开分别种植。

Step 4 覆土后，要放些干沙在上面，避免土壤太结实阻碍小芽长出。

土 壤

选择富含有机质、土层疏松、排水良好并深厚的土壤。

光 照

种植老姜需要充足的阳光，阳光越足，到收获的时候，辛味越重。

水 分

在生长期要随时保持土壤湿润，过于干旱会影响下面姜块的生长，但是不要积水，要注意排水，以免烂根。可以在表面铺稻草，保持土壤的湿度。

温 度

喜欢温和的气候，30℃以内会长势良好。

肥 料

喜肥，在种植以前要施基肥，种植后还要追肥两次。

姜的小宝贝

尽管我们吃的是姜的根茎部，而且一般也会用老姜或嫩姜来育苗，但是姜也会开花哦，开一种鹅黄色的可爱小花，如果给花授粉就会有种子出现，只是平时我们用来种的都是姜的根茎部。

向你展示我的才艺

姜有刺激性香味的根茎是我们日常生活中必不可少的调味品之一。刚长出来的嫩姜因为尖部有微微的紫色，所以叫作紫姜，有的也叫作子姜，相对应的它的根就叫作母姜或老姜。它具有发散风寒、化痰止咳的功效。

植物生活家

姜汁可乐：如果小朋友因为风寒而感冒，可以让妈妈给煮一杯姜汁可乐喝，因为它是天然的内热源，美味可口，驱寒散热。

苦菊

清脆可口清火菜

你要这样呵护我

种植月历

月	1	2	3	4	5	6	7	8	9	10	11	12
全国				—	—	—	—	—				

4~8 月都可以种植，20~30 天可以采收。

播种育苗

Step 1　在农贸市场买苦菊的种子，要先问好苦菊的品种，根据自己的喜好进行选择。

Step 2　可以种在花盆中或室外。要选有机质含量高的培养土。土壤要略潮湿。

Step 3　在土上播撒种子，随意而均匀地撒开即可。

Step 4　覆一层细土，然后用喷壶喷水。不要踩压，轻拍就可以了。

土 壤

选择富含有机质、土层疏松、排水良好的土壤。

光 照

低温日照。如果长期光照，会早期变老。

水 分

土壤保持湿润,但要排水良好。

温 度

30℃以内会长势良好,喜欢爽凉的气候。

肥 料

喜肥，在种植以前要施基肥，种植后要追肥两次，注意避免把肥料洒在叶子上。

苦菊的小宝贝

苦菊如果不及时采收也会结子，一般自己种的子出芽率很低。通常在苦菊长到 15 厘米的时候就可以采收，这时候比较嫩，吃起来也更可口。

向你展示我的才艺

苦菊原产欧洲，又叫苦菜、苦苣菜。目前世界各国均有分布：在中国除气候和土壤条件极端严酷的高寒草原、草甸、荒漠戈壁和盐漠等地区外，几乎遍布中国各省区；在国外，主要分布在朝鲜、日本、蒙古、高加索、西伯利亚、中亚及远东地区和东南亚、南亚各国。有抗菌、解热、消炎、明目等作用。

植物生活家

凉拌苦菊：将苦菊择好洗净，过水轻焯控干晾凉，姜蒜切末，加入盐、鸡精、香油、白糖、米醋、辣椒油少许，搅拌均匀后装盘即可。如果小朋友食用，可以不放辣椒油，放点芝麻油即可。口感清新爽口，开胃健脾。

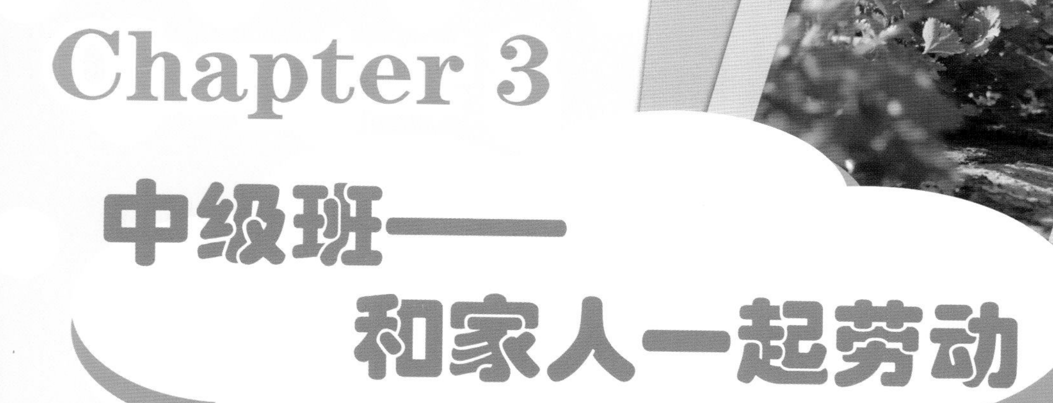

Chapter 3 中级班——和家人一起劳动

丝瓜

生命力超强的蔬菜

你要这样呵护我

种植月历

月	1	2	3	4	5	6	7	8	9	10	11	12
全国			——	——								

以春、夏较为适宜。发芽温度 28℃。

Step 1 可直接播种，也可育苗。育苗时，幼苗长到 3 ~ 4 片叶，即可定植。播种前，最好先将种子在水中泡一晚上，然后晾干，可以加快发芽速度。

Step 2 处理过的种子以点播的方式排列在盆中，覆上薄薄的一层土。种子发芽后，可以进行间苗，留下强壮的幼苗。

Step 3 植株长到 3 ~ 4 片本叶时可以移栽，定植在盆器或菜园里。盆器深度需 50 厘米以上。

Step 4 丝瓜是蔓生，一个月左右开始爬蔓，此时需要搭架，或者利用阳台的栏杆。注意要松绑，不要捆紧以影响生长。

✤ 土 壤

丝瓜对土壤要求不高，宜选择有机质含量高，保水性强的土壤。

✤ 光 照

喜高温日照充足的环境。长期阴天，会有黄化苗出现。

✤ 水 分

丝瓜根系发达，抗旱能力强，栽种期间要充分浇水。

✤ 温 度

开花结果适宜的温度是 26℃ ~ 30℃，高温下，生长健壮，茎叶粗大，果实生长较快。

✤ 肥 料

对肥料要求不严格，整地期间，施用充足的氮肥，栽种期间 4 ~ 5 次追肥。坐果后加强追肥。

特殊照护

定植后，丝瓜蔓长 30 厘米时，搭架让其攀爬，要用绳子加以固定。丝瓜茎蔓茂密，为了通风良好，可以摘掉侧枝，留主干。在生长中后期，摘除基部的老叶和病叶，通风透光。丝瓜是很容易栽培的植物，对土壤水分要求都不十分严格，是适宜小朋友栽种的植物之一。

丝瓜的小宝贝

丝瓜结果率很高，很有丰收的感觉。从开花到结果大约 10 天左右，采果时用剪刀齐果柄剪断。丝瓜不易储存。但是丝瓜有个持续的结果期，可以满足一段时间的食用。可以留几个不采收，长成老丝瓜，籽粒可以留种，丝瓜瓤可以用来刷洗食器，低碳环保。

向你展示我的才艺

丝瓜的营养价值很高，丝瓜中含有蛋白质、脂肪、碳水化合物、粗纤维、钙、磷、铁、瓜氨酸以及核黄素等B族维生素、维生素C，还含有人参中所含的成分——皂苷。

植物生活家

丝瓜的品种很多，圆形和棱角形的比较常见，尤其是棱角形的丝瓜凉拌清凉爽口，降火消暑，是小朋友夏季的首选蔬菜之一。丝瓜还可以煲汤、清炒、与鸡蛋混炒等。秋季采收后，剪绿色的壮枝煮水喝，可以美容，去火。

芹菜

清洁肚肚的小帮手

你要这样呵护我

种植月历

1	2	3	4	5	6	7	8	9	10	11	12

生长温度 15℃ ~ 20℃，适合春、夏种植。

播种育苗

Step 1 选择 30 ~ 40 厘米深的盆，放好基肥。

Step 2 先将种子用清水洗干净，再用 48℃热水浸种 30 分钟，不断搅拌并保持温度，然后放入冷水中冷却 5 ~ 10 分钟，再用常温清水浸泡 24 小时，出水后淘洗几遍，边洗边用水轻轻揉搓，搓开表皮，直到种子手感散落为止。

Step 3 摊开晾至种子表皮半干时，拌入种子体积 5 倍的细沙，装入清洁的盆中，盖塑料薄膜催芽。每天翻动 1 ~ 2 次以增加透气，并让种子见光，同时每天用清水淘洗 5 ~ 7 遍，催芽。当种子 80% 露白时即可播种。

Step 4 播种前浇足底水，撒播拌过细沙的种子，撒播后覆 1 厘米细沙土。在露地播种应在午后或阴天进行，防止烈日晒伤幼芽，同时做好遮阳。

土壤

肥沃、湿润的沙质土壤。

光照

发芽时要注意遮阴，在短日照条件下会生长迅速，纤维减少，提高品质。户外夏季播种，一般是干籽直播育苗，播后要用草帘覆盖遮阳，出苗后逐渐减少遮阳时间。

水分

出苗后小水勤浇，保持土壤湿润。

温度

生长温度15℃~20℃，喜凉，喜湿润的气候，高温干旱生长不良。

肥料

喜氮肥，缺乏氮肥会空心，粗纤维增多，口感差。生长初期，施用氮磷钾复合肥，提升品质。

特殊照护

芹菜缓苗后，心叶变成绿色，要浇透水，进行追肥。每次追肥要和浇水结合，以免烧苗。保持盆中的土壤湿润。施肥时，用豆饼也是非常好的肥料。

芹菜的小宝贝

株高 40 ~ 50 厘米时采收。西芹在 70 厘米时收获一次。一次采收 1 ~ 3 片叶，留 2 ~ 3 片叶，剩下的植株继续生长。芹菜以老根留种为好。在秋芹菜冬季收获时，选植株生长健壮、无病虫害的植株作为种株。切去种株上部叶片，只留 17 ~ 20 厘米长的叶柄，2 ~ 3 株为一簇，按行距 50 ~ 60 厘米、株距 30 厘米的距离栽植于露地或阳畦中，冬季注意防寒，第二年春开始生长，因芹菜分株力强，生长初期浇水施肥要适当，以免徒长。开花后要及时浇施肥水，施速效性磷肥和氮肥，使植株健壮，种子饱满。

向你展示我的才艺

芹菜叶营养很丰富，很多家庭都把芹菜叶择掉，只吃茎，这浪费了大量的营养物质。芹菜叶的营养远高于茎，还具有抗癌的作用。芹菜叶的胡萝卜素含量是茎的 80 倍，维生素 C 含量是茎的 10 倍左右，蛋白质含量也比茎要高，还含有钙质和维生素 B_1，所以，食用芹菜时，千万别择掉芹菜叶。

植物生活家

芹菜属伞形科植物，有水芹、旱芹两种，其功能相近，药用以旱芹为佳。旱芹香气较浓，又名“香芹”，亦称“药芹”。芹菜是高纤维食物，它经肠内消化作用产生一种木质素或肠内脂的物质，可以起到清除体内垃圾的作用，因此是小朋友清洁肚肚的好帮手，一般便秘的小朋友可以多吃芹菜。

韭菜

增加力气的人间仙草

你要这样呵护我

种植月历

月	1	2	3	4	5	6	7	8	9	10	11	12
全国			—	—	—	—	—	—				

生长温度 18℃ ~ 24℃，适合春、夏种植。

播种育苗

Step 1 韭菜可用干籽直播，一般以春播为主。选择深 30 ~ 40 厘米深的盆，放好基肥。

Step 2 挖 5 厘米深的小沟，然后播种。播种后浇水，注意不要把种子冲走，浇水后覆盖薄膜或稻草。

Step 3 出苗前需 2 ~ 3 天浇水一次，保持土表湿润。

Step 4 苗到 10 厘米左右时，见干再浇。

土 壤

选择肥沃、平坦、排灌方便的沙质土壤。

光 照

耐弱光，宜选择适中的光照强度，光照时间长，叶子浓绿、肥壮。

水 分

韭菜喜湿，怕涝，耐旱。

温 度

生长温度 18℃ ~ 24℃，超过 24℃，生长迟缓，超过 35℃，叶片变黄，容易腐烂。高温、强光、干旱条件下，纤维素变多。

肥 料

喜氮肥，缺乏氮肥粗纤维增多，口感差。

特殊照护

夏季要注意排水，加强通风。韭菜比较容易种植，容易成活，一般种植以食叶为主的品种，割掉一茬后，还会长二茬、三茬。韭菜串根，一般在露地种植，三四年就可以长出一片。苗高 35 厘米时，可以采收，留茬 2~3 厘米，采收后放在保鲜膜中扎紧，放入冰箱可储存一周。用保鲜膜扎紧放阴凉处也可保持三天。

韭菜的小宝贝

韭菜在开花后不久就会看到种子，一般待花蔫后，种子可以采收，留下茬食用。韭菜如果不连根拔起，来年还可重生。

向你展示我的才艺

民间有“春初早韭，秋末晚菘”的说法。菘是大白菜。韭就是韭菜。韭菜温补肝肾，春季食用，可以增强体质。韭菜对于很多人来说，都是让人欢喜让人忧的食物。很多人喜欢它的味道，但担心吃后肚子会不舒服。这是因为韭菜中含有的粗纤维很多，促进肠道蠕动。有人把韭菜称为“洗肠草”，有清除体内垃圾，排毒的功效。

韭菜含有挥发性的硫化丙烯，因此具有辛辣味，有促进食欲的作用。对于厌食的小朋友，可以适当食用韭菜。

植物生活家

韭菜炒鸡蛋是一道适合小朋友食用的家常菜。取 3 ～ 4 个鸡蛋，搅匀，然后将韭菜切成段，混在一起。炒锅中放适量油，烧热后，将韭菜鸡蛋放入翻炒，至鸡蛋金黄，一盘鲜嫩的韭菜炒鸡蛋就可以食用了。

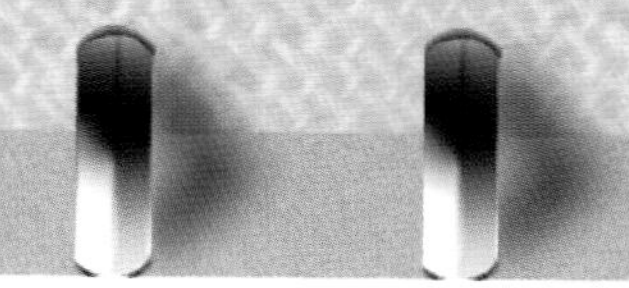

香菜

香气十足的小叶菜

你要这样呵护我

种植月历

月	1	2	3	4	5	6	7	8	9	10	11	12
全国					—	—			—	—		

生长温度 18℃ ~ 22℃，适宜条件下，四季皆可种植。

播种育苗

Step 1 香菜的种子包在褐色的果壳里，播种前要用砖头压碎硬壳，再播种。

Step 2 盆栽要选择 30 ~ 40 厘米深的盆。播前为土壤充分浇水，然后直接用压碎后的种子，条播在露地或盆里。

Step 3 播后，覆盖薄薄的一层土。

Step 4 7 天左右种子就可以发芽，然后开始浇水、疏苗，一定不要在没见到苗的时候就急于浇水，否则容易造成种子窒息而腐烂。

土 壤

对土壤适应性强，有机质含量高的土壤更适宜生长。

光 照

香菜喜欢温凉潮湿的气候，具耐阴性，日照条件不佳也可生长。

水 分

应保持土壤湿润，幼苗生长期，需水量大，但不要漫灌和积水，早晚适度浇水。

温 度

香菜能耐 -2℃ ~ -1℃的低温，一般在晚秋种下的香菜种子，第二年还可以返青。

肥 料

除了整地前要施足基肥，生长期可以少量追加一次复合肥，如果要延续生长，那么就多次追加肥料，一般可以延续 2 ~ 3 个月的采收期。

特殊照护

很多人从市场上买来种子直接播种，这样是不出苗的，要经过研磨或者直接浸水一天才能发芽，因为香菜的种壳很硬，播种后难以突破种壳。香菜刚发芽的叶子是狭长形的，要过 1 ~ 2 周才可见扇形缺刻的叶片。要长出健壮的香菜，需要在发芽后开始疏苗，保持每棵距离 4 ~ 5 厘米。植株长到 15 ~ 20 厘米时就可以采收，整株连根拔起，香菜根也是可以食用的。如果采收量大，可以将香菜晒干，待到冬季将干香菜泡水后也可以做调味蔬菜食用。

香菜的小宝贝

香菜的种子一般从种子商店购买，品种很多，有大叶和小叶的，都是经过种衣剂处理过的种子。

向你展示我的才艺

香菜是世界上最古老的调味菜，能健胃消食，发汗透疹，利尿通便，祛风解毒。它特殊的香味，来源于含有的叫异香豆精的物质。香菜营养丰富，含维生素 C、胡萝卜素、维生素 B_1、维生素 B_2 等，同时还含有丰富的矿物质，如钙、铁、磷、镁等。它的维生素 C 的含量比普通蔬菜高得多，一般食用 7 ~ 10 克香菜叶就能满足人体对维生素 C 的需求量。香菜中所含的胡萝卜素要比西红柿、菜豆、黄瓜等高很多。

植物生活家

香菜原产于亚洲西部、波斯及埃及一带，唐朝时由阿拉伯人传入中国。香菜一般作为调味的作料，煲汤时，切成香菜末放入汤中，提鲜汤的味道。香菜采摘很容易，一般采摘上面的嫩叶，小朋友可以帮助妈妈采摘，会有满手的香气哦！

茼蒿

味道独特的开胃菜

你要这样呵护我

种植月历

月	1	2	3	4	5	6	7	8	9	10	11	12
全国			—	—					—	—		

播种育苗

Step 1 为促进出苗，播种前用30℃～35℃的温水浸种24小时，洗后捞出放在15℃～20℃条件下催芽，每天用清水冲洗，经3～4天种子露白时播种。

Step 2 春季选晴天播种，播后用薄膜覆盖，出苗后适当控水，保持适宜的温度，促使幼苗健壮生长。初秋气温偏高，播种后应用遮阳网膜等覆盖物覆盖，保持土壤湿润。

Step 3 幼苗期应及时间苗，保证幼苗有一定的营养面积。生产上采用直播、撒播、条播均可。撒播每平方米用种6克。条播每平方米用种3克，行距10厘米。

土壤

整地施肥。选择土层深厚、疏松湿润、有机质丰富、排灌方便、保水保肥力良好的中性或微酸性壤土为宜。播前深翻土壤，有条件的可施腐熟有机肥，2000克/平方米。

光照

茼蒿对光照要求不严，一般以较弱光照为好。在长日照条件下，很快进入生殖生长而开花结籽。因此在栽培上宜安排在日照较短的春秋季节。

水分

播种后至出苗前保持土壤湿润，6 ~ 7 天即可齐苗。冬春播种出苗后应适当控制浇水，幼苗 2 ~ 3 片真叶时进行间苗。撒播的，大叶茼蒿 6 厘米见方时留壮苗，中叶或细叶茼蒿 3 ~ 4 厘米见方时留苗。条播的，大叶茼蒿株距 5 厘米，中叶茼蒿株距 4 厘米，细叶茼蒿株距 3 厘米。充足供水，保持土壤湿润。

温度

茼蒿性喜冷凉，不耐高温，生长适温 20℃左右，12℃以下生长缓慢，29℃以上生长不良。

肥料

株高 10 厘米左右时随水追 1 ~ 2 次速效氮肥，株高 20 厘米左右时开始收割。割完后需要浇水追肥，促进侧枝发生，20 ~ 30 天后再收获。追施腐熟有机肥 1 千克 / 平方米，或尿素 5 克 / 平方米。

特殊照护

茼蒿可以适当密植，如果分多茬采收，要注意防止茎叶倒伏，适当的时候可以在周围圈一圈支架。株高 20 厘米时即可采收。在茎基部留 2 ~ 3 片叶割下，以促进侧枝发生。

茼蒿的小宝贝

如需留种，可保留 3 ~ 4 株不采收，待茼蒿自然生长开花结子，成熟之后留种即可。

向你展示我的才艺

茼蒿中一般的营养成分无所不备，尤其胡萝卜素的含量极高，是黄瓜、茄子含量的 20 ~ 30 倍，有“天然保健品，植物营养素”之美称。其中含有特殊香味的挥发油，有助于宽中理气，消食开胃，增加食欲。对于厌食的小朋友，可以食用茼蒿增加食欲。丰富的粗纤维有助于肠道蠕动。含有丰富的营养物质，且气味芬芳，可以养心安神、稳定情绪，降压补脑，防止记忆力减退。

植物生活家

在古代，茼蒿为宫廷佳肴，所以又叫皇帝菜。皇帝菜的茎和叶可以同食，清爽甘香，鲜香嫩脆。

"没有心"的绿叶菜

你要这样呵护我

种植月历

月	1	2	3	4	5	6	7	8	9	10	11	12
北方				—	—	—	—					
南方			—	—	—	—	—	—	—	—		

播种育苗

Step 1

种粒较大，通常可以采取直播方式，也可撒播或穴播。直播时用种量 10 克 / 平方米，穴播每穴点播 3 ~ 4 粒种子，行距 30 ~ 35 厘米，穴距 15 ~ 20 厘米。播前深翻土壤，施腐熟有机肥 4 千克 / 平方米，与土壤混匀后整细。

Step 2

播种前首先对种子进行处理，目的是使种皮软化。用 50℃ ~ 60℃温水浸泡 30 分钟，然后用清水浸种 20 ~ 24 小时，洗净后放在 25℃环境下催芽。催芽期间要保持湿润，可以每天用清水冲洗种子 1 次，待其破皮露白点后即可播种。

Step 3

播种一般采用条播密植，行距 33 厘米，播种后覆土。

土壤

对土壤条件要求不严，宜选择土壤湿润而肥沃的黏壤土栽培。前期应及时中耕松土，提高地温。

光照

喜光和长日照。

水分

空心菜喜潮湿，播种后随即浇水，7 天左右即可出苗。当秧苗长到 5 ~ 7 厘米时要浇水施肥，促进发苗，以后要经常浇水保持土壤湿润。气温高或气候干燥地区，尤其要勤浇水，浇大水，否则纤维容易老化，影响口感。

温度

生长适宜温度为 25℃ ~ 30℃，能耐 35℃以上的高温，10℃以下生长停滞，霜冻后植株枯死。播种后覆盖塑料薄膜增温、保湿，待幼苗出土后再把薄膜撤除。

肥料

空心菜对肥水需求量很大，除施足基肥外，生长期结合浇水进行追肥。空心菜采收期长，一般每次采收后，都要结合浇水施氮肥 15 克 / 平方米。

特殊照护

空心菜可以采用扦插育苗的方式种植。扦插要选择市售的健壮枝条，选择底部有些老化的部分，保留三个叶节，置于清水中，待水生根长出后，即可直接栽种在容器中。一般在苗高 20 ~ 30 厘米左右时即可采收。在进行第一、二次采收时，茎基部要留足 2 ~ 3 个节，以利采收后新芽萌发，促发侧枝。采摘时，用手掐摘较合适，铁器易出现刀口部锈死。

空心菜的小宝贝

空心菜如需留种必须要搭设支架，防止枝蔓倒伏，一般 8 月下旬开花，10 月下旬采收种子。

向你展示我的才艺

空心菜是碱性食物，并含有钾、氯等调节体液平衡的元素，食后可降低肠道酸度，预防肠道内的菌群失调。所含的烟酸、维生素 C 等，具有降脂减肥的功效。空心菜中的叶绿素有“绿色精灵”之称，可洁齿防龋除口臭，健美皮肤，堪称美容佳品。它的粗纤维素的含量较丰富，具有促进肠蠕动、通便解毒作用。小朋友如果便秘，可以食用空心菜。嫩梢中的蛋白质含量比同等量的番茄高 4 倍，钙含量比番茄高 12 倍，并含有较多的胡萝卜素，是小朋友餐桌的理想蔬菜之一。

植物生活家

空心菜，原名蕹菜，又名藤藤菜、通心菜、无心菜、瓮菜、空筒菜、竹叶菜，开白色喇叭花，其梗中心是空的，故称“空心菜”，是我国南方普遍栽培的蔬菜。

香葱

柔细清香的“葱”

你要这样呵护我

种植月历

月	1	2	3	4	5	6	7	8	9	10	11	12
全国					—	—			—	—		

生长温度 18℃～22℃，适宜条件下，四季皆可种植。

播种育苗

Step 1 香葱的种子非常细小，播种时将种子先与细土拌匀。

Step 2 选择深 30 ～ 40 厘米深的盆，划出深 5 厘米的小沟，将拌好的种子撒于沟内，覆土。

Step 3 把表面修理平整，然后浇水，一次浇透。约 10 天出苗。

Step 4 苗期，要保持土壤湿润，有利于发芽。待香葱长出 3 ～ 4 片叶时开始定植。

Step 5 在盆中或露地，挖 6 厘米深的沟，行距 15 厘米左右，以 3 ～ 5 个为一撮，放入沟中。每撮距离 10 厘米左右。定植后浇透水。

土 壤

适合疏松、肥沃的土壤。

光 照

喜欢温暖湿润的气候，喜欢充足的中等强度阳光，但夏季日光太强容易萎蔫，要进行适当的遮阴。

水 分

幼苗定植成活后，要少水勤浇，保持土壤湿润，因为幼苗根系很弱，吸水能力有限。一般 10 天浇一次水。

温度

耐热、耐寒的能力很强，最适的温度是 18℃ ~ 22℃。

肥料

香葱长到 10 厘米时可以进行第一次追肥，生长期追肥 2 次。

特殊照护

定植后一个月左右，苗长到 30 厘米，就可以采收，可以整株一起拔，也可以多次采收茎叶。施肥时，施于行间即可，追肥后要及时浇水，以免烧苗。香葱开的是紫色的花，常被用作花材。采后放冰箱冷藏，一般可保鲜 10 天左右。

香葱的小宝贝

香葱开紫色的花，十分漂亮，花萎蔫后就会结种子，可以待来年使用。

向你展示我的才艺

香葱含有颇高的挥发油，可以用于肉制品的去腥增香，是最常用的香辛料。鸡蛋炒饭中加入香葱也会有独特的香味。香葱含果胶，可大大地减少结肠癌的发生，葱内的蒜辣素也可以抑制癌细胞的生长。

植物生活家

香葱味道辛辣，健脾开胃，做成香葱花卷就是小朋友很喜欢的一道主食。做法如下：面粉 300 克，食用油、酵母、葱花、椒盐各适量。酵母溶于温水，面和成团加入食用油，揉成光滑的面团，盖保鲜膜放温暖处发酵成两倍大。取出，擀成长方片，抹上葱油、椒盐，撒葱花。将面片对折，用刮板切成一刀不断、一刀断的长条，上锅蒸熟即可。

薄荷

奇奇怪怪味儿的利咽小草

你要这样呵护我

种植月历

月	1	2	3	4	5	6	7	8	9	10	11	12
全国	━	━	━	━	━	━	━	━	━	━	━	━

温度适宜，全年都可以种植

播种育苗

Step 1 薄荷以扦插的方式繁殖，从生长茂盛的薄荷上剪下一些茎段，每段约 5~10 厘米。

Step 2 剪下的茎段最好含有顶芽，只留顶端的几片叶子，其余的剪掉。

Step 3 把修剪好的茎段放在水杯里，一周后就会发现底部长出了白色的根须。

Step 4 将发根的茎段插入土中2~3厘米，用手轻压，并浇水。

土壤

薄荷的生命力很强，对土壤要求不严格，可以选用排水好的、有机质含量高的沙质壤土。

光照

明亮又不直射的日照条件，但如果阳光直射也可以生长。

水分

需水量大，整个生长期要保持土壤湿润，干燥的土壤不利薄荷的生长。

温度

喜欢潮湿冷凉的气候，温度太高，就会停止生长。

肥料

薄荷生长能力很强，即使没有肥料，也可以长势良好，如果叶色很淡，可以追加肥料。

薄荷的小宝贝

薄荷一般不会留种，种子的出芽率也很低，一般长到 20 厘米的时候，就可以采收，每 15 天可以采收一次，剪掉上面嫩芽。一般薄荷长到 2 年后，就会变老，这时候需要分株，重新分开种植可以更新薄荷苗。

向你展示我的才艺

薄荷有一种奇怪的味道，很多清咽利喉的中药里都含有薄荷。我们常用的洗发水、洗手液、沐浴露、防晒霜等日用品里也有薄荷的成分，除了因为它的清新味道之外，还因为它有杀菌消毒的功效。薄荷具有清新怡神，疏风散热，增进食欲，帮助消化的作用。

植物生活家

适合小朋友的薄荷吃法：

薄荷粥：鲜薄荷 30 克或干品 15 克，清水 1 升，用中火煎成约 0.5 升，冷却后捞出薄荷留汁。用 150 克粳米煮粥，待粥将熟时，加入薄荷汤及少许冰糖，煮沸即可。

薄荷茶：用薄荷叶泡茶喝，泡法同普通茶叶一样，饮用有清凉感，是清热利尿的良药。

南瓜

万圣节的标志物

你要这样呵护我

种植月历

月	1	2	3	4	5	6	7	8	9	10	11	12
北方	——	——	——									
南方						——	——					

播种育苗

Step 1

一般用育苗移栽的方法，温度低时可用温水适当浸泡催种，并覆膜保温。

Step 2

行距 70 厘米，株距 50 厘米，盆栽时每盆只留 1 株。南方可露天直播，北方以提前 1 个月在保护地育苗移栽为好。

Step 3

有 3 ~ 5 片真叶时可在晴天下午选择健壮、无病虫害的小苗进行定植，每盆 1 株，种植深度以子叶平齐土面为宜，并浇透水。若为直播，则需疏去病弱的小苗，每穴留 1 株苗。

Step 4

定植后约 10 天，喷施 1 次稀薄有机肥，以氮肥为主。植株开始爬蔓后生长迅速，8 ~ 10 片真叶时进行第一次打顶，促使多萌发侧蔓，此时可提前搭设支架。

土壤

在土质方面，以松软的沙壤土，轻黏土为宜，重黏土、盐碱地不宜种植。

光照

香菜喜欢温凉潮湿的气候，具耐阴性，日照条件不佳也可生长。

水分

幼苗时期控制浇水，以利发根。在夏季南瓜进入生长旺季，应每天浇水，浇水时间以早晚为宜。

温度

温度对幼苗的生长影响很大，最佳长生及结瓜温度为 18℃ ~25℃。温度长期低于 10℃，瓜秧上雄花少甚至没有雄花。长期高于 35℃或过于干旱时，瓜秧上雌花少甚至无雌花。

肥料

施入有机肥，腐熟的农家肥最好，草炭土次之。盆栽可以在距离植株 10~15 厘米处挖环状沟埋施，注意少量多次。结果期施肥量要适当增加。

南瓜的小宝贝

充分成熟的南瓜种子可留待来年播种，选取饱满而无病虫害的种子，洗净后在阴凉处晾干后贮存即可。判断南瓜老熟的标志是表皮硬而难以刻划、果梗木质化。

特殊照护

南瓜个头大、分量沉，搭架种植的大型南瓜在结果之后要及时进行固定。

向你展示我的才艺

南瓜灯是庆祝万圣节的标志物。传说有一个名叫杰克的人非常吝啬，因而死后不能进入天堂，而且因为他取笑魔鬼也不能进入地狱，所以，他只能提着灯笼四处游荡，直到审判日那天。人们为了在万圣节前夜吓走这些游魂，便用芜菁、甜菜或马铃薯雕刻成可怕的面孔来代表提着灯笼的杰克，这就是南瓜灯的由来。爱尔兰人迁到美国后，便开始用南瓜来进行雕刻，因为在美国秋天的时候南瓜比芜菁更充足。现在，如果在万圣节的晚上人们在窗户上挂上南瓜灯就表明那些穿着万圣节服装的人可以来敲门捣鬼要糖果。

植物生活家

南瓜含有丰富的胡萝卜素和维生素 C，可以健脾，预防胃炎，防治夜盲症，护肝，使皮肤变得细嫩，并有中和致癌物质的作用。

Chapter 4

高级班——无敌的诱惑

黄瓜

浑身长刺的攀爬能手

你要这样呵护我

种植月历

月	1	2	3	4	5	6	7	8	9	10	11	12
全国	—	—	—	—	—	—	—	—	—	—	—	—

温度适宜，四季均可种植。地温稳定在 15℃以上时定值。

播种育苗

Step 1 先将种子浸水 4 ~ 5 小时，用湿布包裹种子放在阴凉处催芽。

Step 2 准备好盆器，选择有机质、保水良好的沙质土壤，将泡过的种子放入盆中，覆盖一层约 1 厘米厚的培养土，移至阴凉处，发芽前保持土壤潮湿，一般 4 天出苗。

Step 3 10 ~ 14 天，秧苗长到 4 ~ 5 片叶时，可以移栽到栽种地或盆里。栽种地苗距 60 ~ 90 厘米。家庭盆栽小黄瓜，建议找一个大一些的蔬菜栽培箱，盆栽容器的深度 40 厘米以上，种两棵，这样根系有足够的空间，开花后还可以互相授粉，增加结果率。

Step 4 定植后，记得每 2 ~ 3 周施一次有机肥料，搭立支架，用绳子固定苗株，避免倒伏。

土壤

富含有机质、保水排水良好的沙质土壤。

光照

喜欢温暖干燥的环境，潮湿容易患霜霉病，夏季要避免高温和强光照射。

水分

黄瓜根很浅，耐旱耐湿性差，不要过度浇水。

温度

生长适温为20℃ ~ 25℃。

肥料

整地或移栽前要混入充足的基肥。定植后每2 ~ 3周追肥一次，开花结果期要保证营养的供应。

特殊照护

定植3 ~ 4周，就会看到第一朵花，通常要先摘掉，让植株有更多营养来生长。黄瓜是葫芦科植物，南瓜、丝瓜也属于这一科。它们的特点是采收期长，但是果实丰厚，硕果累累，而且结果持续时间长。分清雌花和雄花是很重要的，雌花基部有膨大的形状，通常是单朵开花；雄花基部很小，经常是聚生开花，3 ~ 6朵在一起。为了结果率，可以清早把雄花摘下与雌花花蕊接触。如果雌花在同一位置长出3朵以上，那就要进行疏花工作。让营养集中在一个上面才会产出饱满的果实。

黄瓜的小宝贝

如果成熟的黄瓜不及时采摘，留“老黄瓜”，一段时间后，黄瓜里的籽粒就成熟了，挖出放在通风干燥的地方待来年使用。

向你展示我的才艺

黄瓜含有胡萝卜素、维生素C及其他对人体有益的矿物质。硫胺素、核黄素的含量高于番茄。黄瓜生吃营养价值比熟吃高，而且吃黄瓜不一定要削皮，有很大一部分的维生素都在皮里面。吃的时候用淘米水浸泡半个小时，对农药残留物有很好的消除作用。

植物生活家

黄瓜是葫芦科的植物，在世界上多达百余种。最早是由西汉时期张骞出使西域带回中原的，称为胡瓜，后赵皇帝石勒忌讳“胡”字，汉臣襄国郡守樊坦将其改为“黄瓜”。在我国东北地区，黄瓜分为旱黄瓜和水黄瓜两种，平时我们经常吃的就是水黄瓜了。黄瓜的味道只要细细地品尝会吃到润甜的味道。只有在世界上稀有的黑土地上种植的蔬菜才是最好，我国的黑龙江全境、吉林少部分是黑土地。旱黄瓜瓤饱满，喜欢吃瓤的小朋友可以选择粗短的旱黄瓜。水黄瓜鲜脆可口，黄瓜味足。

小番茄

阳台上的神仙果

你要这样呵护我

种植月历												
月	1	2	3	4	5	6	7	8	9	10	11	12
全国						——	——	——	——			

冷暖季有不同适宜的品种。发芽温度 25℃～30℃。

播种育苗

Step 1

番茄可以自行播种，农贸市场也可以直接买到秧苗。春秋两季种植，温度适宜即可。记得一定带原始的土壤一起定植。

Step 2

准备好盆器，盆栽容器的深度达 40 厘米以上，选择有机质、排水良好的沙质土壤，一盆最好种植一株，如果盆比较大，苗间距要保持 30～40 厘米。记得小苗不要种太深，以免烂根。光线一定要充足，刚移栽的前 3～5 天，要注意补充水分。

Step 3

2～3 周小苗长势稳定，补充缓效肥，撒在盆器边缘。施用以磷钾肥为主的有机肥。

土壤

富含有机质、排水良好的沙质土壤。

光照

充足的日照，每天需要 10～12 小时的日光浴。

水分

番茄除定植前初期不要浇过量的水和开花期以及转熟期要适当控水外，其他各个时期，要保证充足的供水，开花期到产果期需水量较大。在夏秋雨季，露天雨水丰富，不需要浇水。盆栽番茄在结果时，需要注意水分的补充，每次浇到水从小孔流出为好。

温度

发芽适温为25℃～30℃。室内温度25℃左右，可以四季种植。庭院以春、秋为好，可直播或育苗定植。

肥料

整地或移栽前要混入基肥，不宜过多。植株开始第一次开花，进行第一次追肥，此后每个月可追肥一次。结果前要少施肥，以免徒长。

特殊照护

番茄定植要经常整枝、打腋芽并支架绑蔓。腋芽（侧芽的一种，指从叶腋所生出的定芽）不超过3厘米，在上午10时露水干后至下午3～4时摘除，这样可以减少养分的消耗，利于开花结果。

番茄的小宝贝

番茄的种子通常要在种子商店购买，购买时记得要问是小番茄还是大番茄，小的结果实很多，也容易室内栽培。

向你展示我的才艺

番茄中含有的番茄红素是胡萝卜素中抗氧化能力最强的，每 100 克番茄中含有 600 微克以上的胡萝卜素，番茄中含有的胡萝卜素可以防止紫外线对人体的伤害，保持肌体细胞的年轻。番茄中的菌脂色素可提高人体的免疫力。小朋友常食番茄可以增强免疫力。

植物生活家

小番茄又称圣女果，既可作蔬菜又可作水果，也可以做成蜜饯，样子小巧可爱，是很多小朋友喜欢吃的水果。

胡萝卜

好吃不贵的“小人参”

你要这样呵护我

种植月历

月	1	2	3	4	5	6	7	8	9	10	11	12
全国			——	——				——	——			

播种育苗

Step 1 撒播：将盆土浇透水后，将种子撒播于土面，覆土约 2 厘米，保持土壤湿润，18 ℃ ~ 25 ℃时约 10 天发芽。

Step 2 条播：盆土浇透水，用手指划出深约 1 厘米的浅沟，行距约 5 ~ 8 厘米，将种子撒在条沟内，尽量均匀。播后覆盖 1 厘米以内的薄土，可用工具轻轻压实，喷雾状水湿润表土。

Step 3 幼苗期生长缓慢，注意控制浇水量，以免徒长，不干即可，可随浇水喷施 1 ~ 2 次稀薄的腐熟有机肥。

Step 4 1 ~ 2 片真叶时进行第 1 次间苗，株距约 2 ~ 3 厘米；3 ~ 4 片真叶时再次间苗，株距约 5 厘米；5 ~ 6 片真叶时进行第 3 次间苗，株距约 15 厘米。一般叶片太深、太多、太短等的苗都应该拔去。

土 壤

喜欢富含有机质、排水良好、透气性好、土层深厚的沙壤土。

光 照

喜温凉气候，需要充足日照，光照不足地下根茎不易膨大，颜色变浅。

水 分

较耐旱，进入叶片生长旺盛期要适当控制水分，肉质根开始膨大时增大浇水量并均匀浇灌，但不能积水，以免烂根。

温 度

胡萝卜生长适温白天 18℃ ~ 23℃，夜间 15℃ ~ 18℃，25℃以上生长受阻，3℃以下停滞生长。

肥 料

胡萝卜生长适温白天 18℃ ~ 23℃，夜间 15℃ ~ 18℃，25℃以上生长受阻，3℃以下停滞生长。

特殊照护

种植约 3 个月，当肉质根充分膨大后即可收获。此时通常肉质根附近的土壤会出现裂纹，心叶呈黄绿色而外围的叶子开始枯黄。采收前浇透水，等土壤变软时将胡萝卜拔出即可，也可用竹片等工具小心地将肉质根挖出。秋播胡萝卜如果留种需要过冬，家庭盆栽不容易操作，因此可选用春播胡萝卜，选择健壮植株任其自然生张，等开花结子后采收即可。

胡萝卜的小宝贝

胡萝卜的种子一般建议再种子商店购买。秋播胡萝卜如果留种需要过冬，家庭盆栽不容易操作，因此可选用春播胡萝卜，选择健壮植株任其自然生张，等开花结子后采收即可。

向你展示我的才艺

胡萝卜富含胡萝卜素。20 世纪时，人们认识了胡萝卜素（维生素 A 原）的营养价值而提高了胡萝卜的身价。胡萝卜营养丰富，有治疗夜盲症、保护呼吸道和促进儿童生长等功能，此外还含较多的钙、磷、铁等矿物质。

植物生活家

胡萝卜供食用的部分是肥嫩的肉质根。胡萝卜的品种很多，有红色、黄色等颜色。胡萝卜切丁儿，和豌豆、鸡蛋、米饭一起炒，适合小朋友食用。胡萝卜切丝与土豆丝、面粉、少量精盐混合一起炸成的丸子也是小朋友喜欢吃的菜品。

葫芦

可爱的“8”字精灵

你要这样呵护我

种植月历

月	1	2	3	4	5	6	7	8	9	10	11	12
全国						—	—					

花期6 ~ 7月，果期7 ~ 8月。

播种育苗

从葫芦娃种子播种、生长、开花、结果整个过程，就是一个欣赏的过程，天天有新鲜。夏天烈日炎炎，足以遮挡住部分阳光，使房内阴凉许多。葫芦娃叶碧绿、清香，每到清晨阵风吹来，令人心旷神怡。

Step 1

浸种：用40℃温水浸种12 ~ 24小时，捞出后用纱布包好甩干，并嗑开浸好的甜葫芦种子。用木槽或普通的盆子，垫一层消毒的锯末或沙子，再垫上一层纱布，将浸好的种子均匀地放在纱布上，上面盖上拧干的新毛巾，盖上盖帘，蒙上棉被催芽，每天用新刷帚掸水2次。催芽温度一般在25℃ ~ 28℃。要求每天拣出已出芽的种子，放在另外的盆里，置于室内阴凉的地方，控制芽的生长。

Step 2

播种：盆土浇透水，用手指划出深约1厘米的浅沟，行距约5 ~ 8厘米，将催好芽的种子，芽眼朝下放好，覆完土后进行一次浇水。可用工具轻轻压实，喷雾状水湿润表土。

Step 3

幼苗期生长缓慢，注意控制浇水量，以免徒长，不干即可，可随浇水喷施1 ~ 2次稀薄的腐熟有机肥。

Step 4

在真叶长到3 ~ 4片时开始定心，防止徒长；苗床适宜温度25℃ ~ 28℃，夜间不低于15℃。一般苗龄35 ~ 40天，栽前5 ~ 7天炼苗。

土 壤

喜欢富含有机质、排水良好、透气性好、土层深厚的沙壤土。

光 照

喜温凉气候，需要充足日照，光照不足地下根茎不易膨大，颜色变浅。

水 分

较耐旱，进入叶片生长旺盛期要适当控制水分，肉质根开始膨大时增大浇水量并均匀浇灌，但不能积水，以免烂根。

温 度

葫芦生长适温白天 20℃～28℃，夜间 15℃～18℃，30℃以上生长受阻，3℃以下停滞生长。

肥 料

7～8 片真叶时开始正常施肥，结合浇水进行，每隔 20 天左右喷施 1 次。

特殊照护

顺蔓、掐尖、打杈、人工授粉。顺蔓，每株留两个主蔓。两条主蔓均横向摆在空垄上，可培一次定向土。掐尖：一级分杈，长到 3 片叶时，开始掐尖，并掐掉二、三级分杈，主蔓掐尖在 8 月 23 日以后。人工授粉：一般甜葫芦每天上午打杈，掐尖，下午 16 时开始授粉，过了处暑以后就可停止授粉，一般两条主蔓结瓜 6 ～ 8 个。

葫芦的小宝贝

在8月到9月份，基本上是9月份葫芦长成近似白色，表皮上的毛没有了，但是还是比较沉的时候就可以采摘了，不然的话如果蔓枯黄了，葫芦就有可能掉下来砸坏了。采下来后还要风干，风干变黄后，晃一晃，里面有葫芦籽碰撞的声音，可以切口倒出籽粒。

向你展示我的才艺

葫芦兄弟，造型美观，一般在长成时用网袋兜住，以防把秧坠倒，有利于造型的保持。葫芦通常不吃，都是利用它的艺术特点，有的地方还用来做瓢，过去用来舀水用的一种工具。小朋友可以在葫芦上画画、刻字，是一件非常有观赏价值的艺术品。

植物生活家

市场上经常可以看到卖葫芦的商家，挑选葫芦首先要干透、型好、芯正，有坠手的感觉，葫芦越重密度越高，葫芦上手掂一下应当有圆润光滑的手感。

苦瓜

清热解暑、明目解毒的“赖皮”瓜

你要这样呵护我

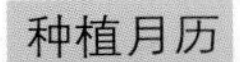

月	1	2	3	4	5	6	7	8	9	10	11	12
全国												

生长温度 20℃～32℃。春、夏、秋三季都可种植。

播种育苗

Step 1

催芽方法：苦瓜的种皮坚硬，表面有蜡质，浸种前在太阳光下晒 2 小时，用细沙轻磨种皮蜡质，然后用温水泡种 12 小时，捞起种子，再用纱布或湿纸包好，用薄膜包好保温催芽，温度应保持在 28℃～30℃，湿润催芽，3～4 天左右可出芽，芽长 1 厘米即可播种。

Step 2

最方便的方法是直接从农贸市场购买种苗，一般在春季 4 月底定植，直接挖坑，株距 40～60 厘米。

Step 3

苦瓜幼苗长到 20 厘米左右，开始搭架，人字形支架，用绳子固定植株，随着蔓的长势，及时进行引蔓捆绑。子蔓越多结果越多，盆栽深度至少要在 50 厘米以上。

Step 4

一般情况下，苦瓜不进行整枝。但对于侧蔓过密或衰老的枝叶要及时摘除，以利于营养生长。

土 壤

苦瓜对土壤要求不严，但以肥沃、湿润、土层深厚、排灌方便的黏土为好。

光 照

喜欢充足的日照，植株不耐阴，尤其在开花结果期，光照更要充足。

水 分

苦瓜根系发达，苗期和结果期间要充分浇水，但不耐涝。如果在菜园，要注意大雨过后及时排水。

温 度

适合 20℃ ~ 32℃生长，开花结果期适温为25℃左右。在15℃ ~ 25℃范围内，温度越高，越有利于苦瓜生长发育。

肥 料

苦瓜的生长期，吸肥力很强，因此在整地前要混入充足的基肥，保证土壤肥沃，栽种期间，2 ~ 3 周追肥一次。

特殊照护

苦瓜开花结果期需要较强光照，有利于光合作用和坐果率提高。苦瓜喜湿而不耐涝，生长期间需 85% 的空气相对湿度和土壤湿度。不宜积水，积水容易沤根，叶片黄萎。苦瓜对肥料的要求较高，如果有机肥充足，植株生长粗壮，茎叶繁茂，开花结果就多，瓜也肥大，品质好。复合肥氮磷钾也可，特别是生长后期，肥水也要充足，后期的结果率也很高，若肥水不足，苦瓜就会长得瘦弱干小。

苦瓜的小宝贝

一般自开花后 12 ~ 15 天为适宜采收期，应及时采收。不要在雨后和露水较大时采收，否则苦瓜难保鲜，极易引起腐烂。留种要选择靠近植株基部、果型端正的苦瓜，瓜瓤变成红色即为成熟的标志，此时将种子取出洗净晾干即可。

向你展示我的才艺

苦瓜因其特殊的苦味而得名。苦瓜的营养丰富，抗坏血酸含量在瓜类中突出，为黄瓜的 14 倍，冬瓜的 5 倍，西红柿的 7 倍。据营养分析资料，苦瓜的种子和叶中含有大量的苦瓜素。是这种苦瓜素使苦瓜有苦味。苦瓜素，被誉为“脂肪杀手”，具有减肥瘦身的功效。苦瓜具有清热消暑、养血益气、清肝明目的功效，所以，夏季吃苦瓜最适宜。苦瓜性寒，如果小朋友脾胃虚寒，不宜食用。

植物生活家

苦瓜中草酸较多，因此，用开水烫一下再与其他的菜混用，会避免草酸钙的形成。各地有许多不同的名称，如癞瓜、锦（金）荔枝、癞葡萄、癞蛤蟆、红姑娘、凉瓜、君子菜等。这些名字中的“癞”大约是指苦瓜表面有许多不规则的瘤状突起，果形多数为纺锤形和长圆锥形或短圆锥形。

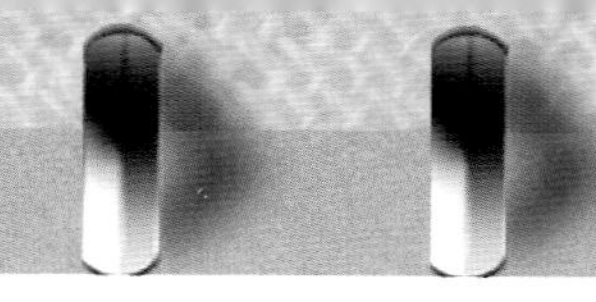

茄子

紫色的口袋装芝麻

你要这样呵护我

种植月历

月	1	2	3	4	5	6	7	8	9	10	11	12
全国			——	——					——	——		

3~4 月可以种植，5~6 月开花期，8 月后开始采收。

播种育苗

Step 1

在农贸市场买健壮的茄子苗。

Step 2

如果在盆里栽种，由于茄子的根系发达，建议一个盆一棵苗。如果在室外种植，每个茄子苗的距离 25 厘米，这样才能长势茂盛。

Step 3

茄子喜肥，在栽种前可以倒入腐熟的有机肥，与土拌匀，再放入幼苗种植。

Step 2

在栽种一个月后，要在茄子秧附近立支架，并用绳子固定植株，帮助其攀援。绳子不要太紧，以免影响生长。

Step 4

幼苗放入后，将土填满，并在周围压一压，但不要用力过大。

土壤

对土壤要求不严，沙质或黏土都可以，最好是沙质土。

光照

日照需要充足，如果阳光不足，会发育不良，结果很小。

水分

要保持土壤湿润，尤其是干旱时期，要不断补充土壤水分。土壤干燥影响植株的生长。

温度

30℃以内会长势良好，喜欢凉爽的气候，若温度超过32℃，就会影响结果率。

肥料

整地时需要肥料，在生长期，也要有足量的肥料。每10~15天施肥一次。施肥要与根部有一定距离，不要烧根。

茄子的小宝贝

茄子里的“芝麻”就是茄子的种子。如果自己种植收获老茄子里的种子，一般成活率很低，所以，通常需用育好的秧苗种植。

向你展示我的才艺

茄子最早产于印度，公元 4~5 世纪传入中国，南北朝栽培的茄子为圆形，与野生形状相似。元代时候培养出长形茄子，到清朝末年，长茄被引入日本。茄子在浙江被称为“六蔬”，广东人称为“矮瓜”。茄子的营养较丰富，含有蛋白质、脂肪、碳水化合物、维生素以及钙、磷、铁、钾等多种营养成分。茄子的品种很丰富，有一种新品种——奶茄子，不仅用于做菜，也可以当作水果生食。

植物生活家

果蔬颜色的不同总暗示独特的营养。吃茄子建议不要去皮，它的价值就在皮里面，茄子皮里面含有维生素 B。茄子的吃法荤素皆宜，既可炒、烧、蒸、煮，也可油炸、凉拌、做汤，都能烹调出美味可口的菜肴。茄子切忌生吃，以免中毒。在茄子的所有吃法中，拌茄泥是最健康的。首先，拌茄泥加热时间最短，只需大火蒸熟即可，因此营养损失最少。其次，拌茄泥用油最少，蒸好茄子捣成泥后，只需稍微淋一些调味汁即可。

红薯

甜甜的粗粮

你要这样呵护我

种植月历

月	1	2	3	4	5	6	7	8	9	10	11	12
全国			——									

一般在惊蛰至春分之间种植，清明至谷雨之间间苗栽植，霜降前后采收。

播种育苗

Step 1

4月中旬是红薯苗插植适期。买壮苗栽插。

Step 2

在保证成活的基础上争取浅栽，栽插深度一般以5~6厘米为宜，栽插时要求封土严密，深浅一致，使叶片露出地面，浇水时不沾泥浆。

Step 3

扎根缓苗阶段是从栽后长出新根到块根开始形成，历时1个月左右。应及时浇缓苗水，以利扎根成活。

Step 4

栽插后30~40天随着温度升高，茎叶生长加快，块根继续形成膨大应及时加强水肥管理。

土 壤

以土层深厚疏松、通气性良好的砂壤土或壤土为佳。

光 照

红薯喜光喜温，属不耐阴的作物。它所积累贮存营养物质基本上都来自光合作用。光照越足，对增产越有利。

水 分

红薯的地上部和地下部产量都很高，茎叶繁茂，根系发达，生长迅速，蒸腾作用强，所以，红薯一生的需水量较大。

温 度

红薯喜暖怕冷，当气温降到 15℃，就停止生长，块根形成与膨大的适宜温度是 20℃ ~30℃。

肥 料

应施足基肥，适期早追肥和增施磷钾肥。钾肥的吸收从栽插到收获都比氮、磷多，尤其在块根膨大期更为明显；氮肥以茎叶生长时期吸收较多，块根膨大时期吸收较少；磷肥在茎叶生长中期吸收较少，而在块根膨大时期吸收较多。

特殊照护

红薯块根膨大期最怕水涝。盆栽红薯在高温高湿的夏季尤其要注意通风、透光，盆土保持湿润即可，有条件的情况下可以将盆悬挂，改善底部的通透性。

红薯的小宝贝

红薯一般用茎蔓或块根进行无性繁殖，适合在春秋季进行。但是因为需要有深厚的土层和温床培育，在家不容易操作，建议购买现成的秧苗。

向你展示我的才艺

红薯在家放置时间久一些就会冒出绿色的小芽，用浅盘在底部放一些水浸润，很快就会成为一盆美丽的小盆栽。

植物生活家

研究发现，红薯叶有提高免疫力、止血、降糖、解毒、防治夜盲症等保健功能。经常食用有预防便秘、保护视力的作用，还能保持皮肤细腻、延缓衰老。亚洲蔬菜研究中心已将红薯叶列为高营养蔬菜品种，称其为“蔬菜皇后”。

红薯叶的吃法：选取鲜嫩的叶尖，开水烫熟后，用香油、酱油、醋、辣椒油、芥末、姜汁等调料，制成凉拌菜，其外观嫩绿，能令人胃口大开。还可将红薯叶同肉丝一起爆炒，食之清香甘甜，别有风味。

一个胖娃娃，穿着绿褂褂

你要这样呵护我

种植月历

月	1	2	3	4	5	6	7	8	9	10	11	12
北方				—	—							
南方	—	—	—									

南方地区 1~3 月播种，华北地区 4 月下旬至 5 月中旬播种。

Step 1 北方地区开春气温起伏大，露地直播生长缓慢，购买种苗是一种途径，也可以在室内用营养钵育苗。

Step 2 播种前用清水洗净种子，然后用 55℃的温水浸种 15 分钟，再用清水浸种，置于 28℃ ~30℃恒温条件下催芽，待种子露白之后可放入穴盘播种，覆土，轻轻压实并浇足底水。

Step 3 当幼苗长到 3~4 片真叶时即可移栽定植。定植前需要控水通风，提前炼苗，可以提高移栽的成活率。

Step 4 瓜苗长到 1 米左右时及时搭架，如人字形支架或平棚。如果是地面匍匐生长的，在坐果前后需要压蔓，促使不定根的生长。

土 壤

土层深厚、肥沃的沙壤土或黏壤土适合冬瓜生长。

光 照

冬瓜属于短日照植物，对光照时间长短要求不严格。喜光不耐阴。

水分

冬瓜根系发达较耐旱，不耐涝，夏季要防止土壤积水，否则会导致烂根。

温度

冬瓜耐热，不耐寒。种子发芽适温为30℃~35℃，生长适宜温度为20℃~30℃。

肥料

种植冬瓜的土壤要施足基肥，以有机肥为主。生长过程中适时、适量追肥。掌握由淡到浓的原则，重点应从引蔓上棚至结瓜后，瓜重达3千克左右时进行追肥，以氮、磷、钾相结合，不偏施氮肥。

特殊照护

冬瓜占用的生长空间比较大，大型品种不太适合阳台种植，可以选择迷你品种代替，如白星102、穗小1号等。

冬瓜的小宝贝

冬瓜可以自然留种，但留种的冬瓜，每株只可保留一个瓜生长。早熟品种保留第一个瓜，中晚熟品种保留第二个瓜 。种瓜采摘后要放在室内15天，这样做的目的是使种子完全成熟。取籽时一般选中段的种子，清水漂净瓜瓤之后晾干，但是不能烈日曝晒，以免种皮开裂。

向你展示我的才艺

冬瓜和南瓜

小甲甲篱笆外种冬瓜，

小丫丫篱笆外种南瓜，

冬瓜伸出了小芽芽，

南瓜拱出了小荚荚。

植物生活家

为什么夏季所产的瓜，却取名为冬瓜呢？这是因为瓜熟之际，表面上有一层白粉状的东西，就好像是冬天所结的白霜，也是这个原因，冬瓜又称白瓜。

冬瓜能够养胃生津，清胃降火，使人饭量减少，从而达到减肥的效果。冬瓜与其他瓜果不同的是，不含脂肪，并且含钠量极低，有利尿排湿的功效。冬瓜减肥法自古就被认为是不错的减肥方法，尤其是水肿型肥胖，吃冬瓜减肥效果更明显。

Chapter 5

鲜花来我家

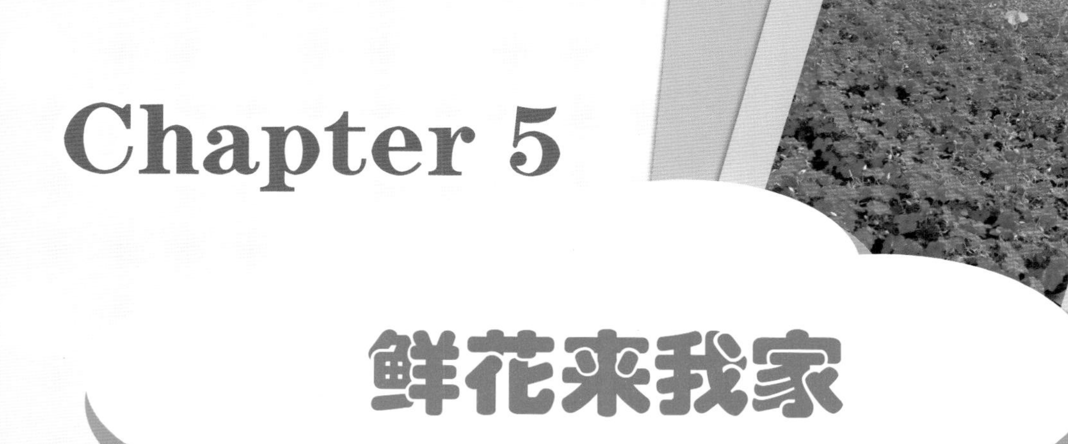

矮牵牛

"滴滴答"吹起小喇叭

你要这样呵护我

种植月历：花期为4～10月。

种植月历

月	1	2	3	4	5	6	7	8	9	10	11	12
全国				——	——	——	——	——	——	——		

土 壤

喜欢排水良好的沙质土壤，培养土中掺入蛭石可以增加透气性。

光 照

喜欢充足明亮的阳光。夏季南向阳台要注意遮阴。

水 分

忌积水，开花期要及时的补充水分，夏季早晚各浇水一次，春秋季节每天一次。

温 度

不耐寒，喜温暖。如果室内温度保持在15℃～20℃，可四季开花。冬季温度不低于10℃。

肥 料

栽培前施用底肥，在花期要隔两周施用液态花肥。

矮牵牛的小宝贝

矮牵牛的种子很细小，不像野生牵牛花那样好收集。播种后，不需要覆土，注意保持盆土湿润，约 7 天后即可发芽。

向你展示我的才艺

牵牛花有个俗名叫“勤娘子”，寓意是一种很勤劳的花。每当公鸡刚啼过头遍，时针还指在“4”字左右的地方，绕篱萦架的牵牛花枝头，就开放出一朵朵喇叭似的花来。晨曦中人们一边呼吸着清新的空气，一边饱览着点缀于绿叶丛中的鲜花，真是别有一番情趣。关于牵牛花的儿歌也有不少，请家长和孩子一起来念下面这首吧：“牵牛花，会牵牛，牵着牛儿到处游。一游游到银河边，洗个澡儿乐悠悠。”

植物生活家

矮牵牛对环境空气比较敏感，遇到有毒气体时，叶片会出现斑点，叶缘枯黄。家中摆放一盆矮牵牛就相当于一台空气检测预警仪了。

三色堇

可爱的小猫脸

你要这样呵护我

种植月历：三色堇花期较长，一般从在11月底到翌年的4～5月。

种植月历

月	1	2	3	4	5	6	7	8	9	10	11	12
全国	——	——	——	——	——						——	——

❖ 土 壤

喜肥沃、排水良好、富含有机质的中性壤土或黏壤土。

❖ 光 照

喜欢充足明亮的散射光，夏季忌烈日直射。

❖ 水 分

浇水时间最好选择早晨或傍晚，不要淋湿花瓣和叶子。浇透即可，注意盆底不能积水，以免烂根。

❖ 温 度

较耐寒，喜凉爽气候，在昼温15℃～25℃、夜温3℃～5℃的条件下发育良好。昼温若连续在30℃以上，则花芽消失，或不形成花瓣。

❖ 肥 料

生育期间每20～30天追肥1次，各种有机肥料或氮、磷、钾均佳。

特殊照护

开谢的残花需要及时剪掉，能促进多长新的花芽。雨天的时候要注意遮雨，以免娇美的花朵受到风雨摧残。

三色堇的小宝贝

秋、冬季为播种适期，种子发芽适温约15℃～20℃。将种子均匀撒播于细蛇木屑中，保持湿润，约经10～15天发芽。也可在初夏时行扦插或压条繁殖，扦插3～7月均可进行，以初夏为最好。一般剪取植株中心根茎处萌发的短枝作插穗比较好，开花枝条不能作插穗。扦插后约2～3个星期即可生根，成活率很高。压条繁殖，也很容易成活。

向你展示我的才艺

三色堇花瓣较薄，容易干燥，而且花形扁平，很适合用来制作压花。用词典一类的厚书，将三色堇花朵摊平，夹起来平放，几天之后定型就完成了。压制好的干花，可以留到节日之前，贴到硬纸卡上，写上祝福的话语，送给亲朋好友，就成为一份精美又别致的小礼物！

植物生活家

三色堇为波兰的国花。三色堇为什么有三种颜色？据神话中说，堇菜花本是单色的，由于女神维纳斯出于嫉妒心的鞭打，流出汁液才染成了三种颜色，故称为三色堇。

常春藤

会爬高的攀登能手

你要这样呵护我

种植月历：多年生常绿蔓性植物，常年均可种植。

种植月历

月	1	2	3	4	5	6	7	8	9	10	11	12
全国	——	——	——	——	——	——	——	——	——	——	——	——

土壤

常春藤喜欢排水良好的沙质土。也可在一般栽培土里混合蛭石、珍珠石或细蛇木屑，增加排水性和通气性。

光照

在明亮充足有散射光的环境中生长良好。夏季要适当的遮阴，避免阳光直射。

水分

盆土必须保持湿润，多浇水。冬、春季节环境干燥的时候，可以用细嘴喷壶向叶面周围喷水。

温度

常春藤性喜温暖，生长适温为20℃ ~ 25℃，怕炎热，不耐寒。因此放置在室内养护时，夏季要注意通风降温，冬季室温最好能保持在10℃以上，最低不能低于5℃。

肥料

生长季节2 ~ 3周施一次稀薄饼肥水。一般夏季和冬季不要施肥。施肥时切忌偏施氮肥，否则叶面上的花纹、斑块等就会褪为绿色。氮、磷、钾三者的比例以1 : 1 : 1为宜。生长旺季也可向叶片上喷施1 ~ 2次0.2%磷酸二氢钾液，这样则会使叶色显得更加美丽。

特殊照护

春秋两季如果能将植株移到户外养护一段时间，使早晚多见阳光，生长会更旺盛。冬季减少浇水，每隔3～5天向叶片喷一次水。

常春藤的小宝贝

常春藤可用扦插法繁殖，扦插时间以春、秋季为宜。剪取一段带有气生根、2～3个茎节的枝条，插入培养土里浇水保湿，即可繁衍出新的常春藤嫩芽。

向你展示我的才艺

常春藤有藤蔓植物的特点，因此可以用线或细铁丝搭架，使其攀爬，在客厅或书房的一侧形成绿色的瀑布。家中如果有一个采光柔和的窗户，不妨利用铁窗或设立支架，悬挂几株常春藤，不久就会长成一幅绿意盎然的窗帘哦！

植物生活家

常春藤在24小时照明条件下，能吸收1立方米空间90%的甲醛，还能吸收8～10平方米居室内90%的苯、酚、汞、镉。它还能去除烟草释放出来的尼古丁，吸收粉尘，它散发的气味具有杀菌抑菌的功效。

向日葵

围着太阳转的光明使者

你要这样呵护我

种植月历：3 ~ 4 月播种，根据品种不同 8~10 月采收。

种植月历

月	1	2	3	4	5	6	7	8	9	10	11	12
北方												
南方												

播种育苗

Step 1

向日葵的种子比较大，播种深度以 2 厘米为宜，太浅出苗后会倒伏。播种时尖端向下。盆栽向日葵选择大一些的容器为好。

Step 2

发芽适温为 21℃ ~24℃。露地常用穴播，播种盘用点播。播种后放在阳光充足的环境中，约 7~10 天就会看到向日葵种子发芽。

Step 3

生长至 7~8 对真叶时施氮钾肥效果最好。播种时没施基肥的田块，须早追肥。

Step 4

观赏向日葵可摘心 1 次，分枝可产生 4~5 朵花。

土壤

田园土或者市场上的培养土都能满足向日葵生长的需要。

光照

向日葵非常喜欢阳光，一定要种植在阳光充足、光照时间长的地方，露天花园或者南向阳台是最好的选择。

水分

见干见湿浇水即可，夏季气温高，蒸发量大，观察盆土表面干燥就要浇水，可以早晚各浇水一次。

温度

向日葵喜欢温暖的气候，20℃ ~35℃都能生长良好。

肥料

向日葵植株高大，需肥量较多，可以每周施用一次速效肥，就能保证生长所需。

向日葵的小宝贝

向日葵用种子播种，非常容易发芽成活。秋天向日葵圆盘成熟后，摘下晒干，选籽粒饱满的种子留种，待来年三四月份就可以重新播种了。

向你展示我的才艺

向日葵，站得齐，
脸蛋随着太阳移；
向日葵，站得齐，
向着太阳行军礼。

植物生活家

向日葵在英语中称为“太阳之花”，法语中称为“旋转的太阳”。《向日葵》是画家凡·高最被人熟知的一幅作品，它甚至成了艺术史上的一座丰碑，向我们展示出这位伟大艺术家的精神世界。在他眼里，向日葵不是寻常的花朵，而是太阳之光，是光和热的象征，是他内心翻腾的感情烈火的写照。